中老年人

轻松玩转

智能手机

支付篇

洪唯佳 / 编著

清华大学出版社
北京

内 容 简 介

本书首要解决的问题是，加深中老年朋友对于移动支付和理财的理解，从而让该群体能够接受和逐步开始尝试使用这类工具。只有这个问题解决后，中老年朋友才能够从不懂到懂，从抗拒到了解，开始真正使用移动支付。

全书内容涵盖从软件下载、注册使用，到绑定银行卡，再到实际生活中，哪些地方可以进行支付、购物、缴费等内容，为中老年朋友的互联网生活，或者说智能生活增光添彩，为老年朋友带来真正的便利并让他们学到真正实用的知识。

本书封面贴有清华大学出版社防伪标签，无标签者不得销售。

版权所有，侵权必究。侵权举报电话：010-62782989 13701121933

图书在版编目（CIP）数据

中老年人轻松玩转智能手机. 支付篇 / 洪唯佳编著. — 北京 ：清华大学出版社，2018

ISBN 978-7-302-50756-7

Ⅰ．①中… Ⅱ．①洪… Ⅲ．①移动电话机－中老年读物 Ⅳ．①TN929.53-49

中国版本图书馆CIP数据核字 (2018) 第177380号

责任编辑：陈绿春
封面设计：潘国文
责任校对：徐俊伟
责任印制：宋 林

出版发行：清华大学出版社
      网   址：http://www.tup.com.cn，http://www.wqbook.com
      地   址：北京清华大学学研大厦A座   邮   编：100084
      社 总 机：010-62770175   邮   购：010-62786544
      投稿与读者服务：010-62776969，c-service@tup.tsinghua.edu.cn
      质 量 反 馈：010-62772015，zhiliang@tup.tsinghua.edu.cn

印 装 者：北京亿浓世纪彩色印刷有限公司
经   销：全国新华书店
开   本：140mm×214mm   印   张：8.5   字   数：214千字
版   次：2018年11月第1版   印   次：2018年11月第1次印刷
定   价：49.00元

产品编号：076448-01

前言

"能扫微信吗""支付宝付账",此类声音已经迅速代替了现金付款,甚至是大有取代刷卡付款的趋势。以微信和支付宝为代表的各类移动支付 App,除了能够进行网络交易、绑定银行卡,甚至还能够进行一些零散资金的理财。而根据中老年人的消费特点,烦琐的零钱交易居多,如果能够玩转移动支付,会为他们的生活带来极大的便利。

据腾讯公司的资料显示,微信在智能手机中的覆盖率超过了 90%,成为不可或缺的日常应用软件,但中老年朋友使用移动支付的比例偏低。据分析,这种情况出现的主要原因,还是在于他们对微信、支付宝等支付工具不熟悉,进而产生了不放心、不敢用、怕出错、怕破财的心理障碍。如果能够找到有效并简便的学习方法,能够有一种让他们能看懂、看得清、学得会的好教材,未必不可改变现状。

根据近年部分网站的调查显示,目前中老年朋友使用智能手机的比例达到了 66.1%,接近七成。就中老年智能手机用户的使用情况来看,微信、QQ 占用户比例的 31.7%。其中微信显然已经成为了中老年智能手机用户最大的需求。然而他们使用微信、支付宝的比例却不高,消费意识有待转变。

全书共分为 7 章。第 1 章,主要介绍什么是移动支付,有哪些支付工具,移动支付的便利性和安全性到底几何。以期逐渐软化和改变中老年朋友的支付观,让他们慢慢接受移动支付和理财;第 2 章从微信支付开通、银行卡绑定、安全性的提高等几个方面介绍微信支付;第 3 章以哪些方面可以采用微信支付,如何使用等作为主要内容;第 4 章介绍支付宝的基本使用方法;第 5 章则介绍支付宝的理财功能,以及与淘宝、天猫等购物平台的联动方式;第 6 章针对中老年朋友的财务特点和理财观,推荐选择合适的手机理财方法;第 7 章,解答移动支付的一些常见问题,并介绍了必要的防骗技巧。

本书由洪唯佳编著,参加编写的还包括钟霜妙、陈志民、江凡、薛成森、张洁、马梅桂、李杏林、李红萍、戴京京、胡丹、申玉秀、李红艺、李红术、陈云香、陈文香、陈军云、彭斌全、林小群、刘清平、钟睦、刘里峰、朱海涛、廖博、易盛、陈晶、黄华、杨少波、刘有良、刘珊、毛琼健、江涛、张范、田燕。

作者

2018 年 3 月

第1章　不坑钱，移动支付很靠谱

第 2 章　微信支付原来很简单

第 3 章　　您在哪儿可以用微信

第 4 章　　　支付宝学起来很靠谱

第 5 章　　支付宝是网购主力军

第 6 章　　　　有闲钱可以手机理财

第 7 章　　丰富认识，规避风险

第 1 章

不坑钱，移动支付很靠谱

 内容摘要

关于移动支付

学会移动支付，您更省心

这些事儿您还得了解

滑动解锁

　　随着消费者购物理念的改变，简单易用的移动支付越来越深入消费者的内心，智能手机的广泛使用也为移动支付奠定了良好的基础。而对于中老年人这一特殊群体来说，他们在购物时往往更注重实际、看中方便，对于大势所趋的移动支付方式，有的中老年人早已加入这个行列，但有的中老年人还在"观望"中。移动支付的便利性不可否认，但是否完全可靠，他们却不得而知。

　　担心是不可避免的，毕竟积累了大半生、实打实的钞票转换为一串数字后没有了真实感。其实，自从移动支付开通并发展到目前为止，其规模迅速扩大也是有理可循的，越来越多的人和平台愿意为移动支付"买单"，而移动支付自身也扩展了应用场景，不仅越来越实在，而且吸引了许多平台为移动支付提供担保。可以说，移动支付的普及是大势所趋（图1-1）。

图1-1

1.1　关于移动支付

　　简单地说，移动支付就是手机支付，它是指通过手机上的某个软件来付款，代替传统现金结账的行为（图 1-2）。在人手一部手机的今天，这种支付方式早已深入我们生活的方方面面，小到吃一顿早餐，大到出国旅游，都可以用到手机支付（图 1-3）。它相比现金结账来说更快捷，为我们的生活带来了极大的便利。

图 1-2

图 1-3

1.1.1　不实用？买菜也兴"扫一扫"

"我能赚几毛钱呀，不能再少了""您没零钱呀？我也找不开啊" ……早晨的菜市场里，不少趁着新鲜去买菜的大爷大妈、叔叔阿姨们总是为一些零头而发生口角。

现在手机支付方式的盛行（图 1-4），中老年人也越来越愿意接受新事物，在体验过手机支付后都纷纷表示：移动支付给购物带来了新姿势——拿起手机"扫一扫"，就能付款，不必为没有零钱而发愁了（图 1-5）。

图 1-4

图 1-5

1.1.2　不会用？操作只需"三部曲"

生活中最常用的移动支付方式有微信支付和支付宝支付两种，只要会用微信支付或者支付宝支付，就能应对生活中大多数的移动支付场景。

移动支付既然好处多多，那么中老年人究竟该怎样做呢？毕竟许多年轻人信手拈来的操作，对于中老年人来说，可能就没有那么简单了。其实不然，因为无论是微信支付，还是支付宝支付，它们的操作都十分简单，只要掌握了"三部曲"，就能在生活中使用移动支付了。

1.　微信支付

首先在手机上下载并安装微信 App（图 1-6），微信安装完成后打开，注册一个账号并登录（图 1-7）。

图 1-6

图 1-7

进入微信后，在界面中点开 + 号，在"发起群聊""添加朋友""扫一扫""收付款""帮助与反馈"中点击"扫一扫"（图 1-8），此时会出现一个扫码框，用手机摄像头对准微信收款二维码，将其放入扫码框内完成扫码（图 1-9）。

图 1-8

图 1-9

最后，在金额框中输入要付款的金额（图 1-10），点击"转账"按钮，输入密码并确认支付（图 1-11）。

图 1-10

图 1-11

2. 支付宝支付

下载并安装支付宝 App，进入登录界面后（图 1-12），在"账号"栏填入手机号、邮箱或淘宝会员名，在"密码"栏中输入登录密码，然后点击"登录"按钮（图 1-13）。

在支付宝首页有"扫一扫""付钱""收钱""卡包"等选项，在这些选项中点击"扫一扫"按钮（图 1-14）。此时会出现使用相机权限的提示（图 1-15）。因为需要获取摄像头权限才能进行扫描，所以点击"始终允许"按钮。

图 1-12

图 1-13

图 1-14

图 1-15

　　获取摄像头权限后，使用手机摄像头将支付宝收款二维码放入扫码框内（图 1-16），系统识别后输入需要支付的金额，确定后再输入支付密码，完成支付（图 1-17）。

图 1-16

图 1-17

1.1.3　不安全？大公司来做"担保"

　　介绍完怎么操作后，有些人可能会担心——所有步骤都在那些手机软件上进行，会不会有资金安全方面的问题呢？2016 年，中国移动支付交易总额约 209 万亿元人民币，这么庞大的数据表明，手机正在成为个人的财富中心。

　　随着使用手机支付的比例越来越高，也不断出现了许多窃取财产的新手段，例如下载 App、访问不良网站、扫描来路不明的二维码等都有可能造成财产损失（图 1-18）。面对这些以骗取财产为目的的恶劣手段，除了用户需要增强安全防范意识外，也有腾讯和阿里巴巴等大型企业为我们提供保障。

图 1-18

1. 腾讯公司

腾讯公司（图 1-19）目前在国内互联网行业处于领先地位，公司旗下的 QQ、微信、腾讯游戏、腾讯视频等一经推出就大受欢迎，不仅拥有广阔的市场前景，更有雄厚的资金实力。微信作为它的产品，针对其支付功能，在 2014 年，腾讯公司已经为微信支付在安全入口上独创了"微信支付加密"功能，为微信提供了立体式的保护，以便能让用户的"钱包"更加安全。

2. 阿里巴巴公司

比起阿里巴巴公司（图 1-20），人们可能更熟悉马云。阿里巴巴公司是马云在 1999 年创立的。提到马云，人们会自然地在脑海中浮现跟他相关的字眼"中国首富""淘宝""双11"，等等。说到双 11，根据阿里巴巴公布的实时数据显示，在"2016 天猫双 11 全球狂欢节"当天总共席卷了全国1207 亿元资金。支付宝是在 2004 年 10 月由阿里巴巴公司投资创立的，用于面向中国电子商务市场推出基于中介的安全交易服务，因此支付宝由阿里巴巴负责运行并提供担保。

图 1-19　　　　　　　　　　　　　图 1-20

3. 防范大于未然

即使有大公司的保障并不能说明可以不注意自己的财产安全，中老年人一定要在使用手机支付时提高防范意识。

(1) 不要扫描陌生人的二维码，不要轻易安装陌生人发来的软件应用（App）。有些信息可能是一些病毒信息，点击或打开之后会在手机内安装"木马"程序，导致资料被窃取。

(2) 设置手机的解锁密码时，不要过于简单。密码就相当于一把锁，设置得太简单会被别人轻易破解，导致丢失重要信息。

(3) 不要轻易相信陌生人的提示。例如，加微信送小礼品、扫码有优惠等，这些有心无意的小提示往往最能吸引我们的眼球，然而活动的真实性我们却无法确认。因此在行动前还是保持警惕为好。

(4) 给手机安装杀毒软件。手机杀毒软件能有效阻止病毒对手机的恶意攻击，选择安装一款杀毒软件是十分必要的。

⬤ 1.1.4　要收费？除了提现都不交手续费

既然移动支付简单方便，具有实用性又提供保障，那么，在使用过程中是否会收取费用呢？由于日常生活中，人们在接受第三方服务的时候，总会收取一定的手续费（图 1-21）。所以，中老年朋友就会担心移动支付会不会也存在额外收取费用的情况。但事实上，这种情况并不存在。在使用移动支付进行付款时，都是花费多少就付多少，并不会存在多缴费的问题。

但移动支付提现，就是另一种情况了。爱玩微信的朋友肯定不会错过的就是"抢红包"，通常这些"抢"来的钱都存放在"零钱"里，可以直接用来消费，也可以将其提取为现金（图 1-22）。在支付宝中也是同样可以消费或提现的（图 1-23）。那么，提取现金时，手续费怎么收取呢？

图 1-21

图 1-22

图 1-23

1. 微信提现

微信提现的免费额度为 1000 元人民币，累计提现总额超过 1000 元的则收取提现金额的 0.1% 作为手续费，并且每笔至少收取 0.1 元。也就是当提现超过 1000 元的免费额度后，提现金额小于或等于 100 元时，手续费均为 0.1 元。

2. 支付宝提现

支付宝用户享有 2 万元基础免费额度，即提现总额累计不超过 2 万元的则不收取费用，超过的部分则按 0.1% 收取手续费（图 1-24）。

图 1-24

1.1.5　钱在哪？银行和第三方账户里

对于中老年人来说，可能只有钱在手上或者存在银行，心里才会踏实。那么，其实对于上面讲的微信支付和支付宝支付，它们余额的存放位置之一就是银行，第二个位置就是注册好的第三方账户，例如微信账号的"零钱"（图 1-25）或支付宝账号的余额（图 1-26）中。

在买卖过程中，第三方平台就像一个中转站，我们通过第三方平台向卖家付款，卖家则通过第三方平台收款，方便、快捷。

图 1-25

图 1-26

【跟我学】什么样的手机支持移动支付

　　一般来说，支持移动支付的手机通常为智能手机（图 1-27）。智能手机的迅速普及让老式的老人机逐渐淡出市场，这不仅是因为以同样的价格就能购买到一部相对较好的智能手机，而且它相比以文字大、声音大、操作简单、待机时间长为主打优势的 "老人机"（图 1-28）来说，这些功能智能手机都可以实现，而且还具有一些老人机不具备的功能。

图 1-27

图 1-28

(1) 智能手机屏幕大，字号、音量可调，在使用过程中能够让中老年人看得更清楚，使用感受比"老人机"更好。

(2) 智能手机功能多。比起只能打电话和发短信的"老人机"来说，聊微信、抢红包、视频聊天等功能更有利于丰富中老年人的闲暇生活。

(3) 能根据需要下载相关的软件，例如支持移动支付的微信与支付宝软件。

1.2 学会移动支付，您更省心

移动支付的火热不难理解，智能手机的迅速普及已经为其发展奠定了基础，衣食住行、吃喝玩乐，但凡会用到钱的地方，几乎都可以用手机搞定。手机支付操作简单并且实用性强，手机逐渐代替钱包成为支付的主流形式。那么，它具体有哪些优势呢（图1-29）？

✓ 足不出户、随时随地办理各种银行卡资金业务。
✓ 避免烦琐找零，避免假钞蒙骗，资金往来不用现金，无风险。
✓ 避免刷卡客户流失。
✓ 降低盗抢风险和损失。
✓ 不用挨累跑银行，不用在银行排队等号费时间。
✓ 不用上网烦琐操作等网速，不用拉电话线。
✓ 无跨行跨省费用，直接到账。
✓ 客户资金短缺也能扫码消费，不耽误赚钱。
✓ 避免现金操作的人为错误造成损失。
✓ 过往资金有记录、客户数据有存档，查询方便。

图1-29

1.2.1　怕被偷？只要看好手机就够了

在生活中我们大多有钱被偷的经历，特别是在人流量较大的地方，像商场或车站，小偷更喜欢对中老年人下手。而现在移动支付的普及便会减少这些事件的发生概率。在购物出行时，只要带好手机，使用移动支付，用手机扫一扫，便能完成支付，不仅省去了现金交易的麻烦，也不给小偷留有可趁之机（图 1-30）。只需要保护好手机，就不用担心钱被偷了。

图 1-30

小贴士：

(1) 在人群密集的地方，手机拿在手上比放在口袋里更安全。

(2) 如果手机不幸丢失，先挂失账号，冻结网上的资金，然后解除微信和支付宝等账号的绑定并修改密码，最后补办电话卡。

1.2.2   忘带钱？手机在手都不是事儿

生活中难免有忘记带钱出门或者出去散步却心血来潮想买东西的时候，再回家取钱不仅麻烦还会破坏兴致，这时候，随身携带的手机就是你的移动钱包，无论在超市（图 1-31）还是街边的小摊（图 1-32），都能找到可以用手机扫描的二维码来完成支付。

图 1-31

图 1-32

1.2.3   找不开？不用再为零钱烦心

有时候虽然带了钱，但面对那些小额的商品却犯了难，商家找不开，自己又没零钱，进退两难。这就是现金支付的一大不便之处，而手机支付的另一个好处就是可以支付精确到分的金额，无论是微信（图 1-33）还是支付宝支付（图 1-34）都支持，并且为了方便支付，越来越多的街边小贩也加入了用二维码收款的行列。

图 1-33

图 1-34

小贴士：如何制作自己的收款二维码

1. 微信收款

微信收款是生活中比较常用的一种收款方式，它不仅可以用来收款，而更重要的还是一款社交工具。既然它能聊天又能收款，对于一些上了年纪又怕麻烦的中老年朋友来说，就没有必要特意再去下载其他的支付工具了。

(1) 找到微信并打开（图 1-35）。

(2) 在"我"界面下点击右上角的"+"号（图 1-36）。

(3) 在"发起群聊""添加朋友""扫一扫""收付款"和"帮助与反馈"中选择"收付款"后，出现如图 1-37所示的界面。

（4）在"收付款"界面中选择"二维码收款"（图 1-38）。

图 1-35

图 1-36

图 1-37

图 1-38

(5) 系统生成一个二维码后，可以在左下方设置金额
　　（图 1-39）。

(6) 保存好自己的二维码（图 1-40），需要收款时出
　　示即可。

图 1-39

图 1-40

2. 支付宝收款

对于一些小额支付的场景，人们可能更偏向用微信支
付。但是在支付金额较大时，选择用支付宝支付更合适，
并且有时候还有优惠活动。所以对于收款来说，可能支付
宝的应用范围更广。

(1) 打开支付宝，点击首页中的"收钱"图标（图 1-41）。

(2) 点击收款之后，便会生成一个收款二维码（图

1-42）。

图1-41   图1-42

(3) 如果收款的金额固定，可以设置收款金额（图
1-43）。只需点击收款二维码左下方的"设置金额"
即可。

(4) 收款时只需要将二维码出示给对方，如果经常要
用支付宝收款，可以直接点击下方的"商家收钱"，
申请一个收钱码贴纸（图1-44），将其放置在明
显的位置，这样就无须每次收款都打开支付宝获
取收钱码了。

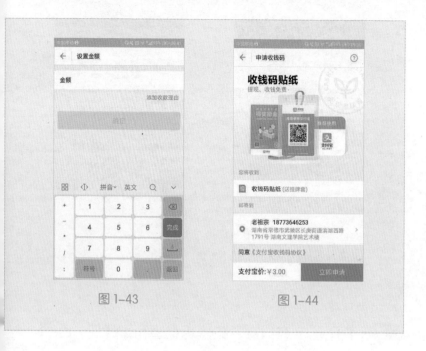

图 1-43　　　　　　　　　　　图 1-44

1.2.4　账难算？移动支付还能做理财

　　随着年龄的增长，中老年人的消费经验和积累财富的方法也不断增加，最能让他们有真实感的就是钱在自己手上，但琐碎资金越积越多，却没有一个明确的数额。随着时代的进步和生活节奏的加快，中老年人也表现出了适应新环境和新事物的能力和愿望，但方便使用才是他们真正考虑的因素。

　　移动支付，不仅能将零钱凑整提现，还能做小资金理财。例如微信的理财通（图 1-45）、支付宝的余额宝（图 1-46）等，这种"看得见"的每日收益比把钱放手上或存入银行更实在。

图 1-45 图 1-46

◯ 1.2.5 有纠纷？支付记录还能作凭证

移动支付除了以上优点外，有时候还能解决纠纷。这源于移动支付的凭证功能，该功能对于一些忘性较大的中老年人来说是十分有用的，它相当于一个收据，就好比去超市购物结账后给你的小票，有时候忘记自己是否已付账时，用手机一查，就清楚了。那么，用手机支付完成后怎样去查支付记录呢？

例如，用微信支付完成后，只要关注了"微信支付"公众号，就能收到交易记录消息。只有"微信支付"公众号才会发送微信支付凭证。

1. 关注"微信支付"公众号

想要查询微信支付记录的第一步是关注"微信支付"官

方微信公众号，在每次用微信支付后，系统都会通过"微信支付"公众号来向用户发送记录详情。

(1) 打开微信（图 1-47）。

(2) 进入微信界面后，点击界面右上方的搜索图标（图 1-48）。

图 1-47　　　　　　　　　　　图 1-48

(3) 在搜索框中输入"微信支付"（图 1-49），进入"搜一搜"界面。

(4) 点击下方深绿色的"关注"按钮，关注"微信支付"公众号（图 1-50）。

图 1-49

图 1-50

2. 支付记录查询

进入"微信支付记录"有两种方法。

- 通过微信支付公众号查询

关注后进入公众号，在聊天界面就能看到以往的一些微信支付记录（图 1-51），然后在左下角点击"我的交易"（图 1-52），在"交易查询""退款查询""自动扣费""鼓励金""我的活动"中点击"交易查询"。

进去交易查询界面后便能看到所有的交易记录（图 1-53），找到需要的那一条记录并点击，可查看详细信息（图 1-54），包括"付款金额""当前状态""支付时间"及"支付方式"等。查找记录时还可以在交易记录中进行条件筛选，以缩小查找范围。

图 1-51

图 1-52

图 1-53

图 1-54

- 通过微信钱包查询

还有一种查询支付记录的方式，但也需要先关注微信支付公众号。

进入微信（图1-55），点击"我"界面中的"钱包"（图1-56）。

图1-55

图1-56

进入"钱包"界面后点击右上角的菜单键——3个点（图1-57），再点击"交易记录"（图1-58），即可进入交易记录界面（图1-59）。在交易记录中找到需要的那一条记录，查找时为了方便查询可以使用筛选功能，找到后并点击，可以了解详细信息（图1-60）。

图 1-57

图 1-58

图 1-59

图 1-60

跟我学：怎么样的付款流程才是正确的

使用移动支付的前提是需要有移动数据，也就是需要确保手机移动数据功能开启或者连接好了无线网络，再者是手机上下载并安装了支持移动支付的软件，最后向卖家确认二维码，并扫描完成付款。

第一步，确保开启移动数据功能。

(1) 打开手机设置。

(2) 在"更多"中找到"移动网络"（图 1-61）。

(3) 点击旁边的"开关"使其处于蓝色的开启状态（图 1-62）。

图 1-61　　　　　　　　　图 1-62

第二步，打开支持移动支付的软件——微信或者支付宝（图 1-63）。

第三步，获取摄像头权限（图 1-64）。

图 1-63　　　　　　　　　　　　　　　图 1-64

第四步，扫描商家收款的二维码并填入金额（图 1-65）。

第五步，输入密码完成付款（图 1-66）。

图 1-65　　　　　　　　　　　　　　　图 1-66

1.3 这些事儿您还得了解

在了解了上述的一些步骤之后，有些人可能还会有一些困惑。例如，生活中都有哪些移动支付方式适合中老年朋友呢？是否绑定银行卡有何区别？主动扫码和被动扫码又有什么不同？免密支付又是什么概念？

1.3.1 哪些移动支付工具最常用

支持移动支付的软件有很多，例如微信（图 1-67）、支付宝（图 1-68）、百度钱包（图 1-69）、易宝支付（图 1-70）、京东支付等，其中最常用的还是微信和支付宝。

图 1-67　　　　图 1-68　　　　图 1-69　　　　图 1-70

对于经常玩微信的中老年人来说，微信不仅只是一个支付工具，也是一个社交平台。支付是在社交基础上衍生出来的一个服务，操作简单、便捷，一般人都能学会，所以市场上很多商家都提供微信收款二维码来收费（图 1-71）。

图 1-71

　　支付宝的支付方式对喜欢在网上购物的中老年人更适用，当然它也适用于生活中的其他缴费（图 1-72），它的应用场景更广泛，只是相比微信而言，中老年人可能更愿意在微信上花时间。

图 1-72

　1.3.2　是否绑定银行卡有何区别

　　以上介绍的两种支付方式是否需要绑定银行卡呢？绑不绑定又有什么区别呢？移动支付就是指用户在使用移动支付工具时，输入密码允许银行进行支付的行为。因而，无论是使用微信支付还是支付宝付款，想要实现移动支付功能，都离不开对银行账户的捆绑。

　　就微信而言，如果未绑定银行卡（图 1-73），且未设置过微信支付密码，则不能使用零钱支付，而且不能进行提现。绑定银行卡后（图 1-74），就可以进行支付并提现了。

　　支付宝如果未绑定银行卡，可以进行支付，但是不能提现。只有绑定银行卡之后才能提现。

图1-73

图1-74

1.3.3　付款前向收款人确认

在生活中，人们经常可以看见形形色色的二维码，在马路边的公告栏上，或商店门口张贴的二维码并不一定是准确的，而有些恶意的二维码中可能包含病毒链接，扫描二维码后，手机会自动下载病毒信息，并对用户手机中的信息进行盗取，进而侵害用户的财产安全（图1-75）。因此，我们不要随便扫描二维码，就算在付款时也要向收款人确认。

图1-75

1.3.4　主动和被动扫码有何区别

　　主动扫码（图 1-76）就是通过移动支付软件上的"扫一扫"功能，对准商家的二维码进行扫描，自己输入要付款的金额并输入密码完成支付的操作。

图 1-76

　　被动扫码需要我们点击"我的钱包"界面中的"收付款"（图 1-77），软件生成条形码和二维码（图 1-78）。

图 1-77　　　　　　　　　　图 1-78

然后由商家来扫描这个二维码（图 1-79）。

图 1-79

被动扫码由收款方直接输入金额并完成付款，一般在超市中使用比较多。

1.3.5　选择密码支付或免密支付

密码支付（图 1-80），简单来说就是在支付的时候需要输入密码，避免他人恶意使用我们的手机，窃取我们的资金。对于中老年人来说，最有可能玩他们手机的就是孙辈，年纪小，不懂事一通乱点，也有可能导致金钱缺失，还有一些喜欢玩游戏的小朋友则会在一些游戏中花费金钱，这时候支付密码就是最后保障。

图 1-80

　　"免密支付"，顾名思义，就是在支付过程中不需要输入密码，在用支付宝进行付款时，可以设置"小额免密支付"功能，免密金额可以自己设定。打开支付宝后进入"我的"界面（图 1-81），点击"设置"，在"支付设置"（图 1-82）中将"小额免密支付"功能开启（图 1-83），开启后可以自己选择金额（图 1-84）。

图 1-81

图 1-82

图 1-83

图 1-84

跟我学：还没开通银行卡可以这样做

使用移动支付需要绑定银行卡，那么，你需要先办理银行卡，并开通"网上银行"，才能实现支付操作。

办理银行卡是非常简单的，只需带上自己的身份证，在相关的银行网点办理一张银行卡，然后在柜台开通"网上银行"即可。

如果嫌跑去柜台麻烦或者已经有银行卡，也可以直接在计算机上操作。

"网上银行"开通后，就可以与微信或支付宝账号进行绑定了，以便完成移动支付。

第 2 章

微信支付原来很简单

 内容摘要

没微信，很快就能装好

看不懂，其实就这几块

学基础，收付款方式多

滑动解锁

　　微信支付是集成在微信客户端的支付功能，能通过手机直接完成快捷支付。微信支付以绑定银行卡为基础，向用户提供快速、安全、高效的支付体验。

　　对于一些刚接触或者还没接触过微信的中老年人来说，微信支付可能还有些陌生，或是嫌麻烦而懒得去费脑筋。其实微信操作十分简单，微信支付的方法也简单易学，掌握以下步骤，就可以轻松玩转微信支付（图 2-1）。

图 2-1

2.1　没微信，很快就能装好

　　微信支付的前提是手机上有微信软件，其实无论是智能手机还是老年手机，都能安装微信，只不过智能手机能提供更好的使用体验。现在随着智能手机的普及，许多中老年朋友也都纷纷用上了智能手机。并且现在市场上的智能手机大多自带微信软件，不需要用户再去下载，如果没有，安装起来也非常容易。

◐ 2.1.1　应用商店找软件

手机上的"应用商店"是下载软件的渠道，许多不是手机自带的软件，都可以通过它来下载。通常，手机会自带一个"应用商店"，例如苹果手机有 App Store；华为手机有"华为应用市场"；小米手机有"小米应用商店"，等等。

（1）打开手机上的"应用商店"软件（图 2-2）。

（2）在"应用商店"搜索框中输入"微信"（图 2-3）。

图 2-2

图 2-3

◐ 2.1.2　下载并安装在桌面

"手机桌面"简单来说，就是一打开手机就能看到的界面。对于中老年人来说，用起来方便是最重要的，下载微信软件，并把它安装在"手机桌面"上，需要用时，一眼就能找到。

(1) 继续前面的操作，找到"微信"后点击"下载"按钮（图 2-4）。

(2) 下载完成之后自动安装（图 2-5），为了方便使用可以选择直接安装在桌面。

图 2-4　　　　　　　　　图 2-5

小贴士：

　　下载软件的时候最好在连接无线网络的状态下进行，手机的流量是有限制的，并不像无线网络那样，没有使用额度的限制，如果超过使用额度，需要额外付流量费。

2.1.3　账号密码要牢记

　　人上了一定年纪之后，忘性就大。不说中老年人，就算是年轻人，有时候也经常在一个转身之后就忘记之前要做的事情。所以像微信、支付宝等这些包含一些比较私人信息的账号，在设置密码的时候，为了便于记忆，设置一个自己容易记住的、不易忘记的密码最好。

1. 注册账号

首先要确保微信已经下载并安装，然后开启移动数据或者连接好无线网络，在手机桌面上找到"微信"图标并点击进入登录界面（图 2-6）。点击界面中的"注册"按钮，在出现的界面中依次填写信息（图 2-7）。

图 2-6

图 2-7

(1) 填写昵称。在"昵称"栏可以随意填写自己喜欢的名字，如：云淡风轻。如果为了方便朋友辨认，可以用自己的真实姓名。

(2) 设置头像。在"昵称"栏右侧点击灰色的"拍照"按钮，即可进入图片界面（图 2-8）。此处可以点击最前面的"拍摄照片"按钮，拍摄一张照片，也可以在

相册中选择以往已经拍好的照片，在放大图中点击
"使用"按钮即可（图2-9）。

图 2-8　　　　　　　　　图 2-9

(3) 选择国家/地区。此处一般会自动出现"中国"字样，
无须特意去改动它。

(4) 填写手机号。此处确保填写的手机号正确且有效。

(5) 输入密码。在登录微信时需要填写密码，所以务必
要记住自己的密码，密码必须是8~16位的数字和字
符组合，不能是纯数字的。在填写完上述信息后，
浅绿色的"注册"按钮将会变成深绿色，此时点击"注
册"按钮（图2-10）。

(6) 如果在输入密码后，担心密码输错或者忘记密码，可
以点击"密码"栏右侧的"眼睛"图标，即可看到输
入的密码（图2-11），可以对密码进行再一次确认。

图 2-10　　　　　　　　　　　　　图 2-11

(7) 点击"注册"按钮后，系统会弹出"确认手机号码"的提示窗口（图 2-12），在检查手机号码后，点击"确定"按钮即可。

(8) 点击"确定"按钮之后，微信将会通过短信，在一分钟内发送一个 6 位数的验证码至填写的手机号码上。接着输入该验证码，点击"下一步"按钮即可成功注册微信（图 2-13）。

2. 退出登录

通常在微信号注册成功之后便会自动成功登录，退出微信有两种方式。一种"退出当前微信号"，退出之后即放弃了此账号的登录，下次登录时需要填写密码才能登录，但是聊天信息等不会被清除；还有一种是"关闭微信"，关闭微信只是阻止程序在后台运行（节省手机流量），再次点击"微信"图标即可唤醒程序，不需要再次登录。

图 2-12

图 2-13

在微信"我"界面中点击"设置"（图 2-14），并点击设置中的"退出"，会出现两种选择（图 2-15）。如果选择"退出当前账号"即退出本次登录，在下次登录之前不会收到别人发送过来的信息（图 2-16）；如果选择"关闭微信"，可以在关闭窗口勾选"有新消息时在通知栏提醒"选项（图2-17），可以避免朋友通过微信联系不上你的情况。

图 2-14

图 2-15

图 2-16

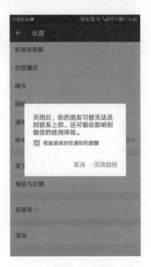

图 2-17

2.1.4 微信钱包在哪里

"我的钱包"，直接从字面上也不难理解它的功能就是用来存放金钱的，它是完成移动支付的一个载体。所有的微信支付交易都是在微信钱包中进行的，它就像一个全能钱包，能完成多种支付。那么，微信钱包在哪里能找到呢？

登录微信之后，点击右下角的"我"（图 2-18）；即可在"我"的界面上看到"钱包"（图 2-19）。

图 2-18

图 2-19

2.1.5 认识"我的钱包"

在"我的钱包"界面（图 2-20）中可以选择收付款、查看账户零钱或者银行卡绑定情况，其中还包含"腾讯服务""限时推广""第三方服务"，其中"腾讯服务"中有"信用卡还款""手机充值""理财通""生活缴费""城市服务"等；

"第三方服务"中有"火车票机票""滴滴出行""京东优选""美团外卖"等服务（图 2-21）。

图 2-20　　　　　　　　　图 2-21

　　例如想查询或购买火车票、汽车票、机票，都可以直接点击"我的钱包"界面的"火车票机票"，进入"同城旅游"的微信浏览界面，在此可查询、购买火车票、汽车票（图 2-22）。点击"电影演出赛事"可以了解当地的演出、电影等的信息（图 2-23）。

图 2-22　　　　　　　　　　图 2-23

跟我学：微信抢红包和收发怎么玩

现在，中老年人微信圈中悄然盛行的一项活动就是"抢红包"（图 2-24），几个好朋友创建一个微信群，在闲暇无聊的时候发发红包，促进感情。"抢红包"是十分简单的，只需要在聊天窗口中看到红包之后点进去并点击"拆红包"（图 2-25），收到的金额就会自动存入"钱包"的"零钱"中。

图 2-24　　　　　　　　　　图 2-25

"送祝福不如发红包"，微信红包已经成为好友之间新型的祝福方式。有时候，微信红包能避免使用现金的尴尬，钱多钱少都是一份心意。

1. 发个人红包

在选择给老友、子女、亲戚等发红包时，可以直接发个人红包。在微信通讯录界面找到想要发送红包的人（账号），点击"发消息"进入聊天界面，点击右下角的"+"图标，选择其中的"红包"（图 2-26）。

接下来，在发红包界面输入相应金额和留言，红包的最高额度为 200 元。填写完成后，点击下方的"塞钱进红包"按钮（图 2-27）。

图 2-26

图 2-27

点击了"塞钱进红包"按钮之后，在支付界面输入支付密码（图 2-28），即可在聊天界面中看到发出的红包（图 2-29）。红包被领取之后系统会有提醒，如果对方 24 小时内没有领取红包则会退回你的账户。

图 2-28

图 2-29

2.　发送群红包

在微信群中发红包或者抢红包不止是一种生活的小乐趣，还可以在微信群中增加更多的交流机会，使群中的气氛更活跃，从而增进感情。

(1) 点击进入想要发红包的群，点击右下角的"+"图标（图 2-30）。

(2) 找到"红包"图标（图 2-31），点击之后会弹出相应界面，填入你要发红包的金额、个数以及留言。

图 2-30   图 2-31

(3) 在"发红包"界面中（图 2-32），填入发红包的
金额（图 2-33）。

图 2-32   图 2-33

(4) 红包金额填写完成后，填写要分成的红包个数（图
　　2-34）。

(5) "留言"栏可以写下想要说的话，也可以不填。
　　点击变成深红色的"塞钱进红包"按钮（图 2-35），
　　即可进入支付界面。

图 2-34　　　　　　　　　图 2-35

(6) 在弹出的界面中，可以自主改变支付方式（图
　　2-36），随后输入支付密码完成支付（图 2-37），
　　发红包的操作完成。

图 2-36　　　　　　　　　图 2-37

2.2　看不懂，其实就这几块

　　目前，微信这款以社交为主的软件扩展了许多其他方面的功能。就中老年朋友来说，基本的聊天功能可能都会，但是对于其他细节性的操作，例如怎么绑定银行卡、零钱要怎么充值或者提现、怎样设置支付密码、密码设定之后能不能修改等问题，就会让他们犯难，其实考虑到许多中老年用户的实际情况，微信的这些用法已经变得越来越简单、易学了，来来去去就那么几步。

2.2.1　怎样绑定银行卡

　　绑定银行卡是微信支付的基础，如果需要完成微信支付，就需要在微信中绑定一张银行卡，并完成身份认证。

(1) 在微信"我的钱包"界面中点击"银行卡"（图 2-38）。

(2) 选中"添加银行卡"（图 2-39）。

图 2-38

图 2-39

(3) 在"持卡人"栏中输入持卡人的姓名，在"卡号"栏中输入要绑定银行卡的卡号（图 2-40）。

(4) 点击"下一步"按钮，填写在银行预留的手机号（图 2-41）。

(5) 下一步输入银行发送来的验证码，点击"下一步"按钮（图 2-42），即可完成绑定银行卡的操作（图 2-43）。

图 2-40

图 2-41

图 2-42

图 2-43

2.2.2 增加与解绑银行卡

1. 增加银行卡

增加银行卡和绑定银行卡的操作类似，同样，在微信"我的钱包"界面上选择"银行卡"（图 2-44）；选中"添加银行卡"（图 2-45）。这里因为已经绑定了银行卡，因此只能添加同一持卡人的其他银行卡。

图 2-44

图 2-45

输入持卡人姓名和卡号（图 2-46），点击"下一步"按钮，输入银行预留手机号（图 2-47）。

点击"下一步"按钮，会收到银行发送过来的验证码，将验证码填入再点击"下一步"按钮（图 2-48），完成验证，绑定成功（图 2-49）。

图 2-46

图 2-47

图 2-48

图 2-49

2. 解绑银行卡

如果想解除绑定银行卡，在"银行卡"界面中找到想要解除绑定的银行卡（图 2-50），并点击进入，点击右上角的菜单按钮（图 2-51），弹出"解除绑定"栏。

图 2-50　　　　　　　　　　图 2-51

点击即可解除该银行卡的绑定（图 2-52），解除绑定后，此银行卡将不会出现在银行卡栏中（图 2-53）。

图 2-52　　　　　　　　　　图 2-53

◯ 2.2.3　零钱的充值与提现

图 2-54

微信钱包里的零钱一多，中老年朋友会想："还是把它提取出来好"。其实钱包里的零钱既可以充值，也可以提现（图 2-54）。微信里的零钱就像一个中转站，充值可以将银行卡里的资金转入到自己的微信账户中，进行微信支付；提现可以将微信账户中的零钱提取出来，存放在绑定的银行卡中，这些操作都十分方便。

1.　零钱充值

充值是指用账户绑定的银行卡，为自己微信账号中的零钱充值。在零钱中余额不多的时候，我们可以适当充值。

(1) 在上述零钱的界面中，点击深绿色的"充值"按钮，输入希望充值的金额（图 2-55），充值的银行卡可以点击右边箭头然后自主选择（图 2-56）。

(2) 在"金额"栏输入充值金额后，点击"下一步"按钮（图 2-57），再输入支付密码（图 2-58）。

(3) 输入支付密码后，点击"完成"按钮（图 2-59），充值成功（图 2-60）。

图 2-55

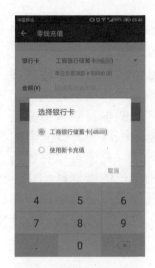

图 2-56

图 2-57

图 2-58

图 2-59 图 2-60

2. 微信提现

"提现"是指把"零钱"中的余额转移到绑定好的银行卡中。在账户中零钱数额较大时,可以将零钱提取出来。

(1) 点击充值下的"提现"按钮(图 2-61),在出现的界面中选择银行卡(图 2-62)。

(2) 输入提现金额(图 2-63)后,点击"提现"按钮并输入支付密码(图 2-64)。

(3) 密码输入成功后提交提现申请,点击"完成"按钮(图 2-65),提现申请提交后,一般两小时内到账(图 2-66)。

图 2-61

图 2-62

图 2-63

图 2-64

图 2-65

图 2-66

2.2.4　查看零钱消费明细

　　在零钱消费明细中，我们可以查到所有用微信支付的交易记录，该功能对于中老年朋友是十分有用的，它可以帮助有些记性较差的中老年人做消费记录。点击开"零钱"界面中的"零钱明细"（图 2-67）就可以看到所有记录，包括转账、红包、面对面扫码的支出或收入明细（图 2-68）。

2.2.5　设置支付密码

　　设置一个支付密码就好像为账户中的钱上了一把锁，把零钱从相对开放的状态缩小到只为个人所用。为了确保支付安全，我们最好自己设置一个支付密码，那么，支付密码怎么设置呢？

图 2-67　　　　　　　　　图 2-68

1.　设置密码

(1) 登录微信，点击"我"，在"我"界面中选择"钱包"（图 2-69），点击"银行卡"（图 2-70），进入银行卡界面。

(2) 在"填写银行卡信息"界面，可以看到所添加银行卡的类型，填写银行卡的姓名、证件类型、证件号及手机号（图 2-71），自动跳到验证手机号界面。

(3) 在"设置支付密码"界面，设置支付密码（图 2-72），自动进入"请再次填写以确认"界面（图 2-73）。

(4) 设置好添加的银行卡后，微信就绑定了银行卡并设置好了支付密码，以后微信支付都需要输入此密码，所以必须要牢记。

图 2-69

图 2-70

图 2-71　　　　　　图 2-72　　　　　　图 2-73

2. 修改密码

如果不小心泄露了密码，或者想换一个更安全的密码，操作也很容易。

(1) 打开"我的钱包"，点击右上角的菜单键（图 2-74）。

(2) 在"交易记录""支付管理""支付安全""帮助中心"4个选项中选择"支付管理"（图 2-75）。

图 2-74　　　　　　图 2-75

(3) 在"支付管理"界面中选择"修改支付密码"（图 2-76）。

(4) 输入旧的支付密码，以验证身份（图 2-77）。

(5) 设置新的支付密码（图 2-78），再次填写确认（图 2-79）。

(6) 点击"完成"按钮，密码修改成功。

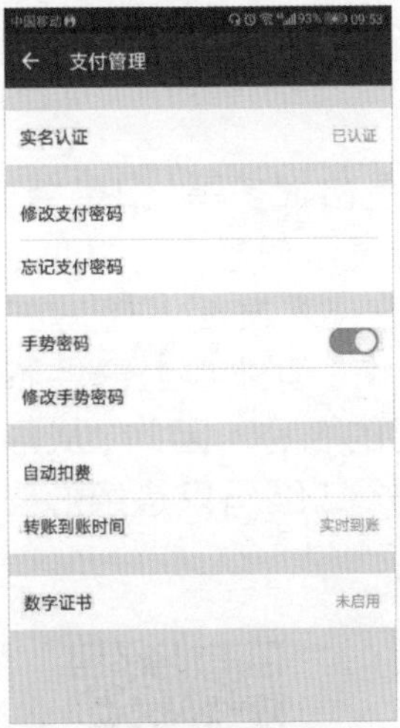

图 2-76

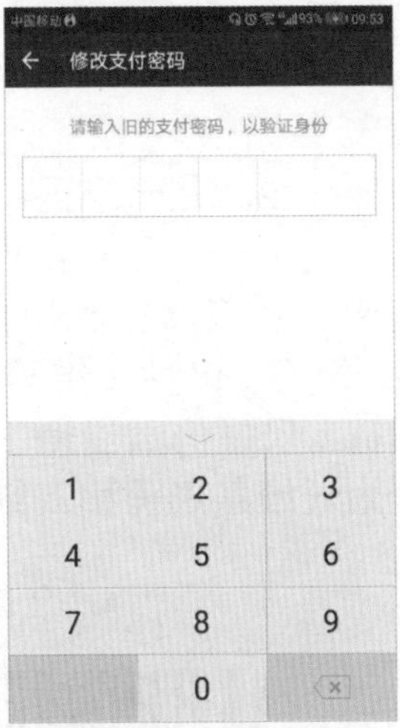

图 2-77

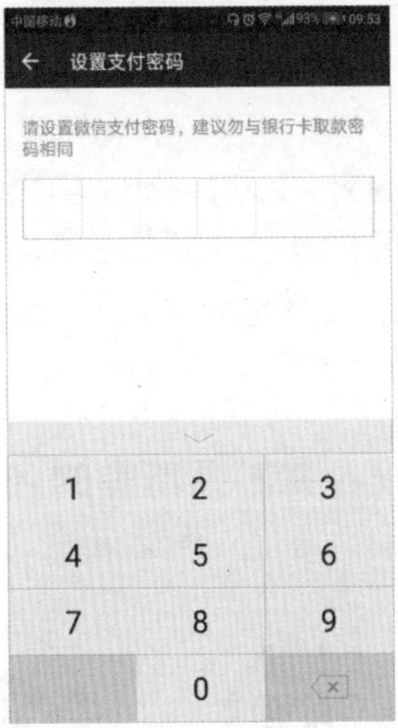

图 2-78

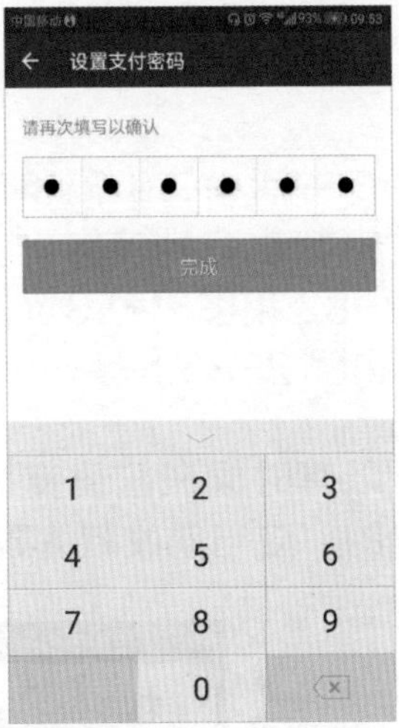

图 2-79

2.2.6　认识二维码和条形码

　　条形码也就是一维码，一维码是由很多黑、白条组成的（图2-80），一维码只在水平方向上表示信息，容量小，表示的信息有限。后来人们利用信息编码技术发明了矩阵式二维码（图2-81），这种二维码的容量大，但外观上已经不同于一维条形码，只是仍然沿用了条形码的名称．因此，从形态上条形码分为一维条形码和二维条形码，二维码只是条形码的一个分类。

　　　　　图 2-80　　　　　　　　　　图 2-81

　　现在生活中二维码和条形码随处可见，不仅功能较多，它们的形状也多种多样。例如在条形码上加了许多趣味元素（图 2-82 和图 2-83），还有混入其他图形的二维码（图2-84 和图 2-85）等。

　　所以有时候在扫码支付的时候，并不是所有的条形码都是正确的，应当向收款人确认。

　　图 2-82　　　　图 2-83　　　　图 2-84　　　　图 2-85

跟我学：聊天窗口中怎么转账、收钱

　　微信加好友之后，转账也是一种支付方式，或者有时候需要给朋友转账，这时我们只需要在聊天窗口中转账即可。

(1) 打开一个聊天窗口，在聊天窗口中点击"+"（图2-86）。

(2) 界面中出现相册、拍摄、红包、转账、视频聊天等功能，选中"转账"，输入转账金额（图2-87）。

图 2-86

图 2-87

(3) 点击"添加转账说明"栏，还可添加转账说明，输入支付密码转账成功（图2-88和图2-89）。

图 2-88

图 2-89

2.3 学基础，收付款方式多

　　为满足用户及商户的不同支付要求，微信收付款方式总共有 4 种：第一种，扫码付款；第二种，二维码收款；第三种，群收款；第四种，面对面红包。但是对中老年人来说，其接受能力有限，方法越多，反而容易记混。其实掌握基本的就足够用了，所以我们就介绍一些基础的收付款方式。

2.3.1 两种方式打开"收付款"

　　生活中最常用到的两种微信收付款方式就是扫码付款和二维码收款。它们比其他方式更简单、快捷，不需要加为微信好友，就能直接收付款。

1. 扫码付款流程

(1) 点击"我的钱包"中的"收付款"（图 2-90）。

(2) 点击"知道了"按钮，以便完成支付（图 2-91）。

图 2-90

图 2-91

(3) 微信会生成一个付款码（图 2-92），同时还可以更改支付的方式（图 2-93）。

(4) 需要付款时直接向商家出示此付款码即可。

　　如果想停用付款码，点击"向商家付款"旁的菜单键，可以看到"使用说明"和"暂停使用"（图 2-94），选择"暂停使用"即可（图 2-95）。

图 2-92

图 2-93

图 2-94

图 2-95

2. 二维码收款流程

(1) 点击"收付款"中的"二维码收款"（图 2-96），
出现相应界面（图 2-97）。

图 2-96

图 2-97

(2) 点击二维码左下方的"设置金额"，进入相应界面（图 2-98）。

(3) 输入要收款的金额和备注（图 2-99）。

(4) 得到带金额和备注的收款二维码，收款码可以保存（图 2-100）。还可以点击右边的菜单键，开启收款提示音（图 2-101）。

图 2-98

图 2-99

图 2-100

图 2-101

2.3.2 我要收款

对于中老年朋友来说，他们的空闲时间比较多，有些在家"闲不住"，喜欢出门摆个摊卖点菜、水果之类的，这样不仅能赚点零用钱，还能丰富生活。随着移动支付越来越普及，他们也开始使用微信收款了。

怎样打造属于自己的专属收款二维码呢？下面介绍一些小技巧。

(1) 登录微信后，进入主界面（图2-102），点击右上角的"+"（图2-103）。

图2-102

图2-103

(2) 找到"收付款"，点击进入相应界面（图2-104）。在"向商家付款""二维码收款""群收款""面对面红包"中选择"二维码收款"，生成收款码（图2-105）。

图 2-104

图 2-105

（3）二维码生成后，点击"保存收款码"，再去打印。

在二维码收款界面下方有一个"收款账单"，点击可进入该界面（图 2-106），所有的账单在下方都有记录，历史收入也可以查看，还可以设置开启"收款到账语音提醒"（图 2-107）。这样便不必每次收到付款后都用手机来查看，可以直接听到语音提醒。

2.3.3　设置付款的支付方式

微信的支付方式有两种：一种是使用零钱支付，另一种是使用绑定好的银行卡进行支付。通常我们在发红包或者进行转账等其他支付时，都可以自主选择支付方式。

例如，将零钱支付改成银行卡支付，点击"零钱"（图 2-108），在弹出的更换支付方式界面中选中下一行的银行卡支付即可（图 2-109）。

图 2-106

图 2-107

图 2-108

图 2-109

　　输入密码完成支付后（图 2-110），在微信支付公众号中会有支付凭证，包括收款方、支付方式和交易状态以及其他的信息（图 2-111）。

图 2-110

图 2-111

2.3.4　让商家扫码要注意安全

微信二维码的制作相对简单，所以存在一定风险，在扫码或者被扫码时都要注意安全，最好开启支付安全防护。如果担心手机二维码的安全问题，可以使用相关的保护软件。

登录微信后，在"我"界面点击"钱包"，进入相应界面（图2-112）。点击右上角的菜单按钮，在弹出的菜单中选择"支付安全"（图2-113）。

在"支付安全"界面中点击"支付安全防护"（图2-114），下载"腾讯手机管家"App并开启支付安全防护（图2-115）。

图 2-112

图 2-113

图 2-114

图 2-115

2.3.5 扫商家二维码要确认账号

为了避免因付错款导致资金损失，扫描商家二维码时，一个最重要的步骤就是要向商家确认账号。在扫完二维码后，都会显示有"向 *** 转账"（图2-116），此时要向商家确认此账号是不是商家的账号，确认后再支付。

图 2-116

跟我学：查看网络状况，避免付款失败

在付款时如果没有移动数据连接，系统会一直加载不成功，造成付款失败。此时需要检查网络连接状况，是不是开启了移动数据或者连好了 Wi-Fi。网络连接是使用App 的基础，它就相当于一个媒介，通过它才能与外界联系，所以，需要连接好网络才能完成微信支付。

· **移动数据打开的具体步骤如下。**

(1) 打开手机"设置"（图 2-117），在"更多"中找到"移动网络"（图 2-118）。

图 2-117　　　　　　　　　　　图 2-118

(2) 启用"移动数据"（图 2-119），移动数据后方的
　　 "开关"由灰色变成蓝色（图 2-120）。

图 2-119　　　　　　　　　　　图 2-120

(3) 在不需要使用移动数据时，应当关闭移动数据，防止流量流失导致不必要的扣费。

· **连接 Wi-Fi。**

(1) 打开手机"设置"（图 2-121），点击 WLAN（图 2-122）。

图 2-121

图 2-122

(2) 点击需要连接的 Wi-Fi（图 2-123），输入密码，点击"连接"按钮（图 2-124）。

(3) 避免密码输错，可以将密码一栏的"眼睛"打开，确定后再完成连接（图 2-125）。Wi-Fi 状态由"未连接"显示为"已连接"（图 2-126）。

图 2-123

图 2-124

图 2-125

图 2-126

第 3 章

您在哪儿可以用微信

 内容摘要

线下购物

足不出户能缴费

第三方贴心服务

滑动解锁

现在，微信已经成为人们生活中必不可少的工具之一，根据腾讯公司发布的 Q1 财报显示，截至 2017 年 3 月 31 日，微信月活跃用户数 9.38 亿人。这与微信新增的许多功能，如移动支付、购物、游戏、充值、出行等都有很大关系，微信正在从一个简单的社交入口变得越来越多元化，在吸引越来越多用户的同时，也扩展了其更多的应用空间（图 3-1）。

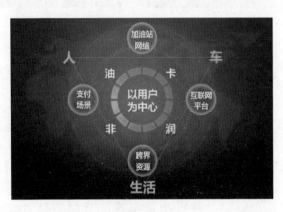

图 3-1

3.1　线下购物

线下购物是指在实体店进行购物的行为，它不同于线上购物直接在网上选购商品，实体店的好处在于可以让顾客更有体验感和真实感。由于体验感的不可替代性和社交属性，实体商业的重要性正在获得越来越多的重视。阿里巴巴（图 3-2）和京东（图 3-3）等互联网企业也正在纷纷拓展其线下商户。

线下商户的增多，导致人们线下购物的体验开始回暖。对于拥有庞大用户群的微信，其中的微信支付是人们在进行线下购物时经常用到的支付方式。

图 3-2

图 3-3

3.1.1 "大商家"普遍覆盖

2014 年 9 月 26 日微信开通手机移动支付，目前，全国已有超百万家门店支持微信支付，包括商场超市、餐饮店、便利店、连锁零售店、旅游景点、医院等 30 多个行业都已加入"微信智慧生活"的行列，并且微信支付还将不断扩展在各个场景下的应用，并推出更丰富的支付方法，给消费者带来更便捷、更趣味的无现金消费体验。

就像中老年朋友喜欢去的大型超市，如沃尔玛（图 3-4）和大润发（图 3-5）等，在结账时，总能看到收银台有支持微信支付和支付宝支付的字样，其中，大润发早在 2015 年就开始支持微信支付了。

图 3-4

图 3-5

3.1.2 "小商贩"也用微信

微信支付不止在大商家中的覆盖率高，小商贩也占有很大的比例（图 3-6）。其实对于小商贩来说，其是最适合微信支付的场所，原因在于每个用户消费的金额都较小，且频次高，基本都是现金交易，频繁找零较烦琐。微信支付不仅门槛低，而且不涉及任何费用，所以逐渐在小商贩中成为主流的支付方式（图 3-7）。

图 3-6　　　　　　　　　　　　　　　图 3-7

3.1.3 公众交通也可以扫微信

2017 年 7 月 2 日，国内第一趟支持微信支付的公交车在山东青岛运行，截至同年 7 月 12 日，已有超 2 万人次使用移动支付乘车，其中使用微信支付的人数突破 1 万人次。移动支付不仅是年轻人在用，中老年人的使用人数也在不断增加。

"乘公交扫微信"也跟扫一扫付款一样（图 3-8），开启"向商家付款"之后便会生成一个"乘车码"，扫描后便可完成购票（图 3-9）。它方便、快捷，避免了乘客忘带公交卡或没有准备零钱的尴尬，为乘客提供了更便捷的乘车体验，有助于公交车的高效运营,同时节省了公交公司零币清点的人力和物力,进一步推进"智慧交通"的发展。在未来，公交实现手机扫码支付将是大势所趋。

図 3-8　　　　　　　　　　　図 3-9

 ### 3.1.4　网上购物也能用

随着人们生活水平的日益提高，人们的生活方式和消费习惯也悄然发生着改变，作为其中重要组成部分的中老年人，其思想观念、行为方式也不可避免地受到冲击，消费方式、消费观念也表现出不同于过去的许多变化，对于网上购物，他们也能享受其中。

网络购物市场规模庞大，微信支付适用于大部分的购物网站，例如京东、当当、亚马逊等，例如在京东上买一束花就能用微信支付，方法如下。

首先进入支付界面，点击"在线支付"按钮（图 3-10）。

然后选择"其他支付方式"中的"微信支付"（图 3-11）。

图 3-10

图 3-11

　　网页自动跳转，打开微信，点击"立即支付"按钮（图 3-12），输入密码完成支付即可（图 3-13）。

图 3-12

图 3-13

在当当（图 3-14）、亚马逊（图 3-15）等网站上购物也是一样的，只要在支付方式中有"微信支付"选项，就可以选择用微信支付。

图 3-14

图 3-15

🎚 3.1.5　聚餐平摊（AA 制）可以群收款

聚会在年轻人中是很受欢迎的，俗话说"熟人好办事""多个朋友多条路"，这是社交圈中很重要的一部分。但是对于中老年朋友来说，他们之间的聚会多半出于心理的需要，上了年纪后，老朋友越走越远，新朋友越来越少，不知不觉就容易孤独。据有关研究表明，加强中老年人的社会交往，有助于使中老年人建立良好的人际关系，帮助他们减少寂寞感。

适当的聚会有助于朋友之间交流感情，而关于聚会费用的问题，可以通过微信的"群收款"功能使聚会更"轻松"。

(1) 打开"我的钱包"中的"收付款"界面，在底部选择"群收款"（图 3-16）。

(2) 进入相关界面，点击"发起收款"按钮（图 3-17）。

图 3-16　　　　　　　　图 3-17

(3) 在微信通讯录中选择参与的人员后，设置"总金额"和"参与人数"（图 3-18）。

(4) 点击"发起收款"按钮后，发送给参与人（图 3-19）。

图 3-18　　　　　　　　　图 3-19

跟我学：别人没收的红包一天内退回

　　发红包时，如果对方超过 24 小时未领取红包，红包里的金额会自动退回。如果在发送红包时使用的是零钱支付，那么，金额会自动退回账户零钱中；如果用的是银行卡支付，便会退回银行卡。

　　只要对方不领取微信红包，就会自动退回。退还信息会通过微信支付公众号发送至手机（图 3-20），还可以点击下方的"查看详情"查看明细（图 3-21）。同样，如果别人发送过来的红包超过 24 小时未领取，就是过期的红包，也不能再领取了。

图 3-20　　　　　　　　　　图 3-21

3.2　足不出户能缴费

　　还在三伏天里为生活业务缴费而四处奔波吗？别落伍了，微信支付不仅早就可以交电话费，而且"生活缴费"入口也正式上线了。微信用户只需进入"微信钱包"中的"生活缴费"栏目，即可缴纳水费、电费、燃气费等相关生活业务的费用（图 3-22）。真正实现足不出户就能缴费，这对中老年人来说是非常重要的功能，因为年纪大了出门总不那么方便。

图 3-22

3.2.1 使用微信支付交电话费

交电话费是生活中不可缺少的一环，只要用手机，就不可避免地存在充电话费的问题，以前充电话费只能去营业厅，特地跑一趟难免不划算。现在，微信推出了手机充值功能，大幅提高了人们生活的便利度。用微信进行手机充值十分简单，只需按照相应步骤进行，即可轻松完成"指尖缴费"。

(1) 打开微信，点击"我"界面中的"钱包"（图 3-23）。

(2) 在"我的钱包"中找到"手机充值"，并点击它（图 3-24）。

图 3-23   图 3-24

(3) 在"手机充值"界面中输入需要充值的电话号码（图 3-25），不仅可以给自己的号码充值，还可以点击右侧绿色的人头图标在通讯录中选择为好友充值（图 3-26）。

图 3-25

图 3-26

(4) 填写手机号码后，界面下方不仅可以充话费，还可以充流量（图 3-27），直接选中需要充值的金额，输入支付密码完成支付即可（图 3-28）。

图 3-27　　　　　　　　　　图 3-28

3.2.2　其他生活缴费也很简单

交电话费只是生活中很小的一部分，生活缴费才是主角。对于子女在外地的中老年人，在炎炎夏日，头顶烈日去缴纳水电费，很有可能引发中暑，子女也不放心。此时，微信支付中的"生活缴费"就派上用场了，只需轻松几步，就能在家完成缴纳水费、电费、固话费等操作。

1.　交水费

(1) 打开微信，点开"我"界面中的"钱包"（图 3-29）。

(2) 在"我的钱包"界面中找到"生活缴费"，并点击它（图 3-30）。

图 3-29

图 3-30

(3) 点击"生活缴费"后，系统会要求定位，点击"同意"即可，或者点击"不允许"，然后自己手动选择所在的城市（图 3-31）。

(4) 选择城市后，我们再选择缴费的类型，例如水费、电费、油卡充值等（图 3-32）。

(5) 选择了缴费类型后，只要输入"用户编号"，并点击"查询账单"按钮就可以查询并缴费了（图 3-33）。

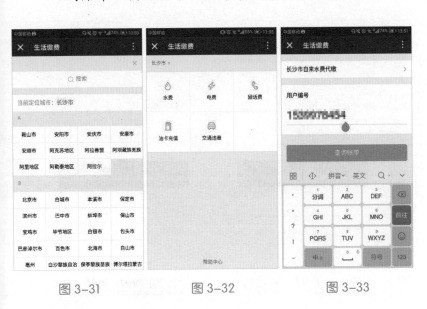

图 3-31　　　　　图 3-32　　　　　图 3-33

2. 交电费

交电费时在"生活缴费"界面中点击"电费"图标（图 3-34）。随后选择缴费机构，"长沙市电费"还是"湖南省电费"（图 3-35）。各地的缴费机构不同，要根据实际情况选取。

选择好机构之后，就可以输入"用户编号"（图 3-36），输入完后点击"查询账单"按钮（图 3-37）。

图 3-34

图 3-35

图 3-36

图 3-37

　　缴其他的费用也是相同的步骤，只需要在"生活缴费"界面中选择其他的类型。不过，在不同的城市支持的微信缴费类型可能不同，例如在长沙（图 3-38），暂时还没有开通用微信支付完成燃气费充值的业务，在北京不但支持燃气费充值，还支持宽带费和公交卡充值（图 3-39）。

图 3-38　　　　　　　　　　　　　　　图 3-39

◯ 3.2.3　社保、公积金可缴纳

　　现在很多人已经开始使用微信缴纳水电费、物业费及电话费等，微信不仅可以缴纳我们日常生活所需的费用，就连"五险一金"也能通过微信缴纳，不用特地去指定的机构排长队缴纳（图 3-40）。

　　可能有些人不愿意缴纳社保的原因，就是如果不工作就会出现断缴的情况，如果你有这种忧虑，从现在开始就不用担心了，通过微信也可以缴纳社保了。"五险一金"包括养老保险、失业保险、工伤保险、医疗保险、生育保险和住房公积金这六项内容（图3-41）。

图3-40

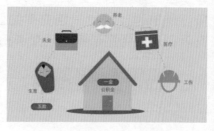
图3-41

1. 社保

社保要怎么缴？打开微信点击"我的钱包"中的"城市服务"，其中有"看病就医""五险一金""车辆服务"等，为我们日常生活提供便利的服务（图3-42）。

选择"五险一金"中的"社保"，在官方社保查询界面（图3-43）即可查询到社保的信息以及完成缴费。

图3-42

2. 公积金

公积金查询。点击"五险一金"中的"公积金"，在官方公积金查询界面（图3-44）即可查询到公积金的缴存和提取明细等。

图 3-43   图 3-44

🔘 3.2.4 预约挂号告别排长队

　　微信支付除了有以上的缴费功能外，还能在医院预约挂号。去医院，最怕的就是"等"，挂号要排队、候诊要排队、缴费要排队、检查要排队、拿药还要排队……这些需要花上半天甚至一天才能办完的事，现在有了微信支付，5 分钟之内就能全部搞定。不得不说，随着网络的发展和微信的普及，我们的生活越来越方便了。

(1) 选择"我的钱包"中的"城市服务"（图 3-45）。

(2) 在"城市服务"界面中选择"看病就医"中的"挂号平台"（图 3-46）。

(3) 进入"挂号平台"界面之后，点击"预约挂号"（图 3-47），选择要挂号的医院后（图 3-48），可以根据需要点击右方的"切换地区"，选择其他地区的医院。

图 3-45

图 3-46

图 3-47

图 3-48

(4) 选好医院之后,选择需要挂号的门诊,有"专家门诊""心血管内科" "呼吸内科门诊"等, 根据自身情况进行选择即可。例如普通内科门诊 (图 3-49), 门诊确定之后,选择坐诊的专家 (图 3-50)。

图 3-49

图 3-50

(5) 选择专家之后, 软件自动跳转至登录界面 (图 3-51),登录完成后即可直接预约就诊时间 (图 3-52)。

(6) 确定预约的就诊时间后 (图 3-53), 拉到界面的底部,单击"确认预约"按钮完成挂号 (图 3-54)。

图 3-51

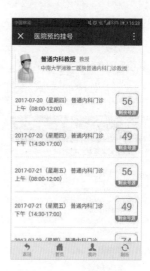

图 3-52

图 3-53

图 3-54

3.2.5　购票出行可快人一步

　　不经过第三方公司，直接在"腾讯服务"中购票，目前只有长途汽车票，点击"城市服务"中"交通出行"的"长途汽车票"，在"服务"下方选择第一栏的"查询购票"（图3-55）。设置"出发城市""到达城市"和"出发时间"之后，点击"查询"按钮（图3-56）。

图 3-55　　　　　　　　　　　　图 3-56

　　在查询结果中选择需要乘坐的车次（图3-57），并填写订票信息，包括取票人姓名、证件号、电话以及乘车人信息（图3-58），完成后提交订单并完成支付，即可预定汽车票（图3-59）。

图 3-57   图 3-58   图 3-59

跟我学：境外旅游如何用微信

随着境外旅游人数的不断增长，微信支付倡导的"无限世界无现购"理念，连接境外支付成就旅游新体验，为旅游者解决了货币换算的麻烦，引领了支付方式的新变革（图 3-60）。现在，微信支付已进入泰国、韩国等亚太国家和地区，并成立了专门的跨境支付团队。

出境旅行的游客可以享受"无卡""无现金"的移动支付新体验，微信支付只需掏出手机"扫一扫"即可完成付款，轻松、简单，最大限度地节省了付款的烦琐流程。不得不说，科技正在悄然改变着我们的生活。

图 3-60

3.3　第三方贴心服务 ⊕

第三方是对"双方"之外而言的，如业务管理机构能够作为业主和房地产商之间的第三方，微信上的第三方服务是指由独立的服务商，以微信和用户之外的第三方角色为微信用户提供专业性服务的过程和手段。

简而言之，就是用户能通过微信这个平台享受到除腾讯服务之外的其他服务。例如，我们常在微信上用到的第三方服务有滴滴出行、美团外卖、京东优选等。微信不仅是聊天工具，它的其他功能也越来越全面（图3-61）。

图 3-61

3.3.1　共享单车不用下软件

"共享单车"给人们的出行带来了实实在在的方便，但是每家都要下载自己的软件也考验着大家的手机空间，随着共享单车入驻微信，用户不用下载软件也可以享受到完整的借还车服务。用户只需要在微信页面点击"我"→"钱包"→"摩拜单车"，即可进入小程序，体验独一无二的智能共享单车服务。

目前，微信用户可以通过3种方式使用共享单车。

(1) 通过微信"扫一扫"功能，扫描单车上的二维码，进入共享单车小程序（图3-62）。

(2) 通过微信钱包中的服务，进入"摩拜单车"小程序（图3-63）。

图 3-62

图 3-63

(3) 直接点击微信"发现"界面下方的"小程序"（图 3-64），进入摩拜单车服务（图 3-65）。

图 3-64

图 3-65

◉ 3.3.2 滴滴打车，到家门口接

"滴滴出行"目前是全球第二大出行平台，覆盖中国400多座城市，为超过4亿用户提供出行服务。"滴滴一下"早已经代替传统的打车方式成为大多数人选择的出行方式之一（图3-66）。移动支付和网上叫车等移动互联网时代的产物，已经从各个方面潜移默化地影响和改变着人们的生活，"微信支付"和"滴滴出行"通过合作，促使消费服务进一步发展，让优惠与便捷无时无刻不体现在用户的生活中（图3-67）。

图 3-66

图 3-67

1. 预定订单

不需要下载"滴滴出行"App 直接在微信上使用也十分方便，打开"我的钱包"，在第三方服务中找到"滴滴出行"并点击，进入相应界面（图3-68）。"滴滴出行"中有"快车""出租车""顺风车""专车""代驾""自驾租车"6种服务可供选择（图3-69）。

图 3-68

图 3-69

选择一种服务方式，例如"快车"，使用手机定位功能确定乘车地点或者自主输入乘车地点以及要去的地点，确认之后可以选择"拼车"或"不拼车"，拼车相对来说价格更低一些，选择之后即可点击下方的"呼叫快车"按钮（图 3-70）。

呼叫成功后就会有附近的快车司机接单，界面上可以显示接单的车牌号、车型及颜色，为了方便确认，还可以直接拨打司机电话或者发信息告诉他你的具体位置（图 3-71），然后只需等待上车即可。

2. 取消订单

如果不需要用车或者叫错车了，想要取消订单也十分容易。直接点击"等待服务"（图 3-72）界面左下方的"取消订单"，在取消行程页面中点击"确认取消"按钮（图 3-73），这样司机便会看到系统提示，不会再进行服务。

图 3-70

图 3-71

图 3-72

图 3-73

在呼叫 3 分钟之内取消订单，不需要支付补偿费用，超过了 3 分钟再取消，则需付费补偿。

　　勾选了取消原因后点击"提交"按钮（图3-74），完成后订单关闭（图3-75）。

图 3-74　　　　　　　　　　　　图 3-75

 ### 3.3.3　58到家，家政不用愁

　　"58到家"是"58同城"投资打造的互联网生活服务品牌，以上门服务为切入点，标准化到家服务，主要提供家庭保洁、上门美甲、搬家速运三大服务。对于子女在外地工作的中老年人来说，在不方便时在微信上登录"58到家"约保洁人员是十分方便的。

（1）点击"我的钱包"中"第三方服务"的"58到家"（图 3-76）。打开后系统自动定位所在城市，点击"是"按钮（图 3-77）。

图 3-76

图 3-77

(2) 在"58 到家"界面中有很多种类的服务（图 3-78），
其中保洁包括家电清洗、家居养护和家庭清洁，在
各项目下又分了许多小种类（图 3-79），如果只需
要进行简单的清洁，选择"日常保洁"即可。如果
是很久没住或未彻底清洁的房屋，可以选择"深度
保洁"，如果是未住过或刚装修完的新房子，可以
选择"开荒保洁"。

(3) 选择一种服务项目，例如最基本的日常保洁，那么在
"日常保洁"界面中就可以直接预约保洁的时长——
2.0 小时、2.5 小时还是 3.0 小时等，时间不同收费也
不同。根据情况选择后点击"立即预约"按钮（图
3-80），再选择服务时间，一般可以预约 7 天之内的
服务，选择后点击下方的"确认"按钮（图 3-81），
就预约好了此次日常保洁服务。

图 3-78

图 3-79

图 3-80

图 3-81

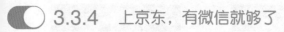 3.3.4　上京东，有微信就够了

"人的年纪大了就很少去逛街了，天气好坏不说，人多拥挤而且很累。我也想学学年轻人足不出户，轻点手机，想要的东西就送上门来。"每当天气恶化，出门购物就变成了一大难事，特别对于中老年人来说，天气不好，很容易出现各种问题。因此，很多中老年消费者也开始选择更省心、省钱、省事的网上购物，享受在家就能购买商品的惬意。

网上购物平台不仅有计算机端，还有手机客户端，用户只需要在手机上下载购物 App，例如京东，就能在手机上完成购物。而现在，微信也接入了京东购物端口，不需要下载 App，通过微信也能享受手机端的购物体验。

从微信上进入京东有两种方法。

1.　购物

打开微信，点击"发现"界面中的"购物"（图 3-82），即可进入京东购物首页（图 3-83）。

在界面上还可以利用上方的搜索栏（图 3-84），根据自己的需要进行查找，如果想看看鞋子，直接在搜索栏中输入"老年鞋"，点击"搜索"按钮，就会出现各式各样的老年鞋商品（图 3-85），还可以利用其他条件进行筛选，例如女鞋、男鞋、销量优先等。

图 3-82

图 3-83

图 3-84

图 3-85

　　挑选好自己喜欢的商品之后，在商品详情界面中，可以点击"加入购物车"按钮，也可以直接点击"立即购买"按钮（图 3-86）。

　　点击"加入购物车"按钮，在出现的界面中选择适合自己的鞋子颜色和尺码，点击"确认"按钮（图 3-87）。

图 3-86

图 3-87

　　添加完成后，在首页的"购物车"中就能找到刚刚选好的鞋子，将其选中并点击右下角的"去结算"按钮（图 3-88），再次确认订单后点击"支付"按钮即可（图 3-89）。

　　如果采用"立即购买"的方式，可以点击"立即购买"按钮，在出现的界面中选择鞋子的颜色和尺码后直接确认订单并完成支付，可以省去添加购物车的步骤。

图 3-88

图 3-89

2. 第三方服务

通过"我的钱包"的"第三方服务"中的"京东优选"打开京东购物。京东优选的首页中同样也有搜索功能，还有今日优选（图 3-90）、一周精选（图 3-91）、促销直达（图3-92）、品牌特卖精选（图 3-93）等窗口。

也可以查看分类（图 3-94）和"购物圈"界面（图 3-95），在购物圈中可以看到别人的购物体验，也可以分享自己的购物经验，还可以加入自己感兴趣的话题圈。

3. 网购小提示

· 尽管网购给我们的生活带来了诸多便利，但网络上会存在很多虚假宣传的现象。中老年人在网购时一是要查看网店的信用级别，并多进行比较，防止买到假货、次货。

- 　在进行网上支付时，最好不要选择直接用银行卡付款，可以用与微信或支付宝绑定的银行卡进行支付。

- 　网购要限制在合理的范围内。

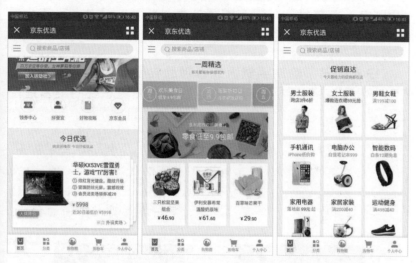

图 3-90　　　　　　　图 3-91　　　　　　　图 3-92

图 3-93　　　　　　　图 3-94　　　　　　　图 3-95

3.3.5 柴米油盐，外卖都能送

在微信的"第三方服务"中，不仅有摩拜单车、滴滴打车、58 到家、京东优选，还有美团外卖。美团外卖是一家专业提供外卖服务的网上订餐平台，目前已覆盖全国 200 多个城市。

在家偶尔不想动手做饭或者想品尝餐馆的口味却不愿出门，这时候拿起手机，打开微信轻轻一点，想要的美食直接送到手上。本节就介绍怎么用微信在网上订餐。

(1) 在微信"我的钱包"中进入"美团外卖"第三方服务，在其首页中（图 3-96），有可供选择的"美食"（图 3-97）、"快餐小吃"（图 3-98）、"跑腿代购"（图 3-99）、"甜点饮品"等，每一类都对应不同的种类。

图 3-96

图 3-97

图 3-98

图 3-99

(2) 选择订餐（图 3-100）。选择一家喜欢的店铺并点击
进入。点击界面中菜品右侧的"＋"，即可加入到购
物车，选择完成后，点击"去结算"按钮（图 3-101）。

(3) 在"确认订单"界面填写送餐地址，系统会预判送
餐时间（图 3-102），可填写备注，告诉商家自己的
口味、用餐人数，以便于让商家以我们最喜欢的方
式准备餐食。确认订单之后，点击"立即下单"按钮，
完成支付即订餐成功（图 3-103）。

图 3-100

图 3-101

图 3-102

图 3-103

跟我学：电子票券在线下该怎么兑现

　　网上预订，除了能使用户足不出户外，更重要的是他们能够获得更多消息，例如通过首都博物馆的在线预约系统，可以看到未来 5 天的可预约门票数量，从而更好地规划自己的行程。

　　那么，在网上预订并购买的电子票券，在线下要怎么兑现呢？其实非常简单，通常在网上预订好票券后，例如在网上购买了电影票，系统会通过短信或其他方式发送一个通知，提供待消费的商品二维码或数字码，在需要使用时，出示给商家验证即可。

第 4 章

支付宝学起来很靠谱

 内容摘要

装软件，方法大同小异

学支付，这几样就够了

很复杂，需要这样理顺

滑动解锁

　　"出门不用带钱包，就带手机""外卖、快递都非常快"……这是现如今外国来华年轻人对中国人生活状态的评价，在最近一项很有意思的采访中，支付宝（图4-1）被国外青年评选为中国的"新四大发明"之一，甚至有网友表示："支付宝应该列为21世纪四大发明之一"。

图 4-1

　　确实，支付宝的应用范围很广，而且每年使用支付宝的人数都在不断增加，支付宝对于用户的账户信息隐私安全等问题管理得也非常严格，属于阿里巴巴旗下产品。2017年，支付宝又新增了多项服务功能，深入人们生活中越来越多的场景，其实用性和便利性可想而知，所以还没有尝试使用支付宝的中老年朋友赶紧跟我一起学吧！

4.1　装软件，方法大同小异

　　为了满足人们各种各样的需求，可下载安装的各类手机软件层出不穷，极大地扩展了人们的选择种类。喜欢上网购物的朋友，手机上会有许多购物软件；喜欢拍照的人，手机里就会有许多拍照软件和修图软件。能够找到自己喜欢的软件并知道如何安装，便能使我们的生活更加方便、更加有趣。

　　现在，随着手机应用市场的活跃度越来越高（图4-2），软件的下载与安装都十分方便，方法也都相差无几。

图 4-2

⬤◯ 4.1.1　安装支付宝软件

1.　搜索支付宝

　　通常智能手机上都会自带"应用市场"，我们可以直接利用应用市场的搜索功能搜索"支付宝"软件（图4-3）；如果没有"应用市场"也不用担心，直接在网络浏览器中也可以搜索该软件（图4-4）。

2.　安装支付宝

　　在"应用市场"中搜索完成后，点击右侧的"安装"按钮即可。在网络浏览器中点击"下载"按钮，下载完成后，在手机上完成安装（下载软件最好在连接无线网络时进行）。

　　安装完成后即可点击打开（图 4-5），进入支付宝的登录界面（图 4-6）。

图 4-3

图 4-4

图 4-5

图 4-6

3. 支付宝界面

支付宝软件的主界面下方有 4 个功能图标——"首页""口碑""朋友"和"我的"。逐一点击相应的图标会分别进入 4 个不同的工作界面，每个界面都包含了不同的操作选项与功能。这 4 个图标，通常会呈现灰色和蓝色两种状态。当一个图标显示为蓝色时，表示现在的支付宝已经进入这个图标的界面，例如"首页"图标为蓝色，就表示现在的界面为首页状态。

(1) 点击"首页"图标（图 4-7），在这里可以看到扫一扫、付钱、收钱、转账、余额宝等各种各样的图标。一般在使用支付宝时，首页上的这些功能就足以应对生活中的大部分使用场景（图 4-8）。

图 4-7

图 4-8

(2) 点击"口碑"图标，进入口碑界面（图 4-9），在这里会看到系统根据定位，为你推荐的"吃喝玩乐"的好地方，这个就像美团软件，可以直接在上面点餐、叫外卖、订电影票或酒店等。这里还会根据以往一些用户的口碑提供此处的"必尝美食""必去逛吃逛喝""经典路线""人气眼"（图 4-10）等，完全不亚于一本"旅行指南"。

图 4-9   图 4-10

(3) 点击"朋友"会进入"朋友"界面（图 4-11），在这个界面中可以看到朋友给你发送的消息以及他们的动态，通过匹配手机通讯录还可以添加新的朋友（图 4-12）。

(4) 在"我的"界面中（图 4-13），可以进行支付宝软件设置，也可以看到自己的账单、总资产、余额以及绑定的银行卡，还可以进入个人中心和个人主页（图 4-14）。

图 4-11

图 4-12

图 4-13

图 4-14

4.1.2　注册账号并绑定手机

在手机上使用支付宝，首先需要一个支付宝账号，其实它就像一张名片，别人能通过它来识别你。在安装支付宝软件后，如果已经有了支付宝账号，点击界面上方的"登录"按钮，输入账号与密码，点击"登录"按钮即可（图4-15）。

注册账号

如果没有支付宝账号，那么就需要进行注册。点击"新用户注册"按钮。通常，填写手机号的一栏"手机号归属地"会自动选为"中国大陆"，我们不需要去改它，填写好自己的手机号即可（图4-16）。填写完手机号，点击"注册"按钮。因为要获取手机验证码，系统会提示"支付宝需要使用短信权限，您是否允许？"，这里点击"始终允许"按钮（图4-17）。

图 4-15　　　　　图 4-16　　　　　图 4-17

131

验证手机号是否有效后，会收到支付宝发来的验证码信息（图 4-18），将验证码输入相应的框中，再设置密码、填写基本个人信息后，即可完成注册。账户注册成功后默认该支付宝账户绑定这部手机（图 4-19）。

图 4-18

图 4-19

🔘 4.1.3 实名认证很重要

支付宝认证除了核实身份信息之外，还会核实银行账户等信息，通过支付宝实名认证之后，你相当于拥有了一张"互联网身份证"，可以使你的信用级别提高。在转账付款时，可以轻松校验收款方的真实身份，确认正确无误再付款转账（图 4-20），尽可能避免财产损失。

图 4-20

打开支付宝，点击"账户设置"，在实名认证中点击"立即认证"，再点击"立即申请"。认证有两种方式，快捷认证和普通认证，选择适合自己的认证方式后，点击"立即申请"。如果是快捷认证就要求绑定本人的银行卡，如果选择普通认证就要输入自己的身份证信息。

以快捷认证为例，身份证信息填写完成后，点击"确定"，系统会提示你确认信息准确无误。点击"跳过"继续认证，输入银行卡的开户行及卡号，系统会在 24 小时之内给你打入一笔小于一角钱的款，在认证系统内填写银行打款的金额，这样银行卡就实名认证成功了。

当实名认证完成后，在支付宝"我的"界面中，点击最上方蓝色的头像（图 4-21），进入个人信息页，即可看到身份已实名认证（图 4-22）。

图 4-21

图 4-22

4.1.4 必须绑定支付宝

在用支付宝绑定银行卡时，绑定支付宝的银行卡的姓名必须要与支付宝认证的姓名一致。银行卡和支付宝绑定后，可以使用银行卡快捷支付，也就是直接用银行卡购物付款。也可以从银行卡转账到支付宝，绑定银行卡只是为支付宝付款提供了一种支付方式。具体绑定流程如下。

(1) 打开支付宝，界面下方有"首页""口碑""朋友""我的"4个图标（图4-23），选择"我的"界面中的"银行卡"（图4-24）。

图4-23

图4-24

(2) 点击银行卡界面右上方的"+"（图4-25），填写银行卡信息。为保证账户资金安全，只能绑定认证用户本人的银行卡，持卡人姓名不能更改，填写卡号（图4-26）。

图 4-25

图 4-26

(3) 卡号填写完成后，点击下方变成深蓝色的"下一步"按钮，并填写银行卡信息。卡类型系统根据你填写的卡号直接确定，不需要再填写。接下来只需填写银行预留手机号码即可（图 4-27）。号码填写完成后，点击"下一步"按钮获取短信校验码。收到短信后输入校验码（图 4-28）。

(4) 短信校验码输入完成后，点击界面右上方的"完成"按钮（图 4-29），即完成了此银行卡的绑定（图 4-30）。在"银行卡"界面下面就能看到绑定好的银行卡。绑定后，用支付宝付款时就能直接用此卡支付了。

图 4-27

图 4-28

图 4-29

图 4-30

4.1.5　支付密码单独设置

支付宝有两个密码，一个是登录密码，是为登录支付宝账号而设置的；另一个是支付密码，是为确认支付、转账等涉及钱财支出时设置的。支付密码就像是金钱往来的第二道防线，最好不要为了简单记忆，就将登录密码和支付密码设置为相同的。

如果已经设置了相同的密码，我们还可以通过重置支付密码来提高账户的安全性。

(1) 打开支付宝，点击"我的"界面中右上方"设置"，进入设置界面（图 4-31），在设置中有账号管理、安全中心、支付设置、密码设置等。点击密码设置，可以重置支付密码，也可以重置登录密码，选择"重置支付密码"（图 4-32）。

图 4-31　　　　　　　　　　图 4-32

(2) 在"重置支付密码"界面中，系统会询问您是否记得还是不记得当前使用的支付密码（图4-33），如果记得就点击"记得"，不记得就单击"不记得"，不同的选择会有不同的重置方式。选择"记得"需要输入支付密码，完成身份验证（图4-34）。如果"不记得"，则需要输入短信验证码和身份证号码，以完成验证。

图 4-33　　　　　　图 4-34

(3) 完成验证后，设置新的6位数字支付密码（图4-35），支付密码不能是重复、连续的数字，也不能是身份证上连续的6位数字，设置完成后，再次输入进行确认，点击"下一步"按钮（图4-36），系统提示支付密码修改成功。

图 4-35　　　　　　　　　　图 4-36

跟我学：支付密码忘了怎么找回来

　　支付密码如果不小心忘记了也不用着急，有找回它的方法，也可以重新设置一个新的支付密码，以便完成支付操作。在上一节重置支付密码的操作中，有不记得支付密码的选项，基于上文，点击"不记得"按钮，系统就会向手机发送验证码（图 4-37），填写后点击"完成"按钮，进入验证身份界面，输入证件号后（图 4-38），就可以设置新的支付密码了。

图 4-37　　　　　　　　　图 4-38

4.2 学支付，这几样就够了 ⊕

支付宝是以个人为中心、拥有超 4.5 亿实名用户的生活服务平台，目前，支付宝已发展成为融合了支付、生活服务、社交、理财、公益、保险等多个场景与行业的开放性平台，提供便捷的支付、转账、收款等基础功能，让使用者可以随时随地使用淘宝交易付款、手机充值、转账、水电缴费、信用卡还款等功能（图 4-39）。

支付宝最常见操作就是用支付宝收款、选择什么样的付款方式、账号之间的转账、银行卡提现等。

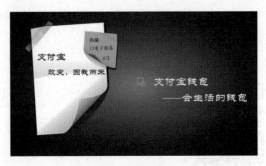

图 4-39

4.2.1 如何用支付宝收钱

现在很多人都用支付宝来完成一些交易，手机端的功能也越来越强大。支付宝发展至今已经更新到了 10.1.15 号版本，随着版本更新，新增的功能也越来越多，让用户有更加便捷的使用体验。用支付宝来进行收款也越来越简单。

打开手机支付宝，进入支付宝首页，点击"收钱"，会自动生成一个二维码（图 4-40），需要收钱时向对方出示该二维码即可，无须加为好友也能收到钱。用支付宝进行收钱时还可以自己设置金额并添加备注（图 4-41）。

4.2.2 付款方式更多

相比微信的支付方式，支付宝的支付方式更多。在用支付宝进行支付时，可以选择用账户余额、绑定的银行卡、新增加银行卡、余额宝以及花呗进行支付。

图 4-40

图 4-41

- 其中余额宝是支付宝为个人用户打造的余额增值服务，用户把钱转入余额宝中，不仅可以获得一定的收益，还能随时消费支付和转出，像使用支付宝余额一样方便。

- 花呗，是支付宝推出的一项类似信用卡的服务，这款"赊账消费"工具与信用卡产品类似，消费者可以通过开通花呗，获取一定的消费额度，先购买商品，下月再还款。

当我们需要付款时，在支付界面输入金额后点击下方的"确认转账"按钮（图 4-42），改变付款方式只需要点击"确认转账"下方的"更换"，即可自主选择付款方式（图 4-43）。

图 4-42

图 4-43

4.2.3　银行卡提现的限制

1.　提现限制

银行卡提现是指，将支付宝账号中的钱提取到绑定的银行卡中（支付宝账户需要通过实名认证才能使用提现功能）。为支付宝充值的钱不能提现，只能申请原路返回到充值的银行卡中。

由于银行网关的限制，银行卡提现有一定的限额。

普通用户 2 小时快速提现，单笔限额 5 万元 ，单日限额 15 万元 ；普通提现单笔提现 5 万元 ，单日无限额 ；淘宝卖家 2 小时快速提现，单笔限额 20 万元 ，单日限额 20 万元；淘宝卖家普通提现单笔限额 20 万元 ， 单日无限额。

2. 余额提现

打开支付宝，点击"我的"，在界面中选择"余额"（图4-44），在余额界面中，可以充值也可以提现。

选择"提现"（图4-45），上方的银行卡可以自行选择（图4-46），在"提现金额"栏填写要提现的金额，也可以直接点击"全部提现"。输入完成后，点击"确认"按钮即可（图4-47）。

图4-44

图4-45

3. 余额充值

在"余额"界面中点击"充值"，进入账户充值界面（图4-48），点击"银行卡"一栏可以选择付款方式（图4-49），选择后填入需要充值的金额，点击由灰色变成深蓝色的"下一步"按钮（图4-50），输入支付密码完成充值（图4-51）。

图 4-46

图 4-47

图 4-48

图 4-49

图 4-50　　　　　　　　　　　图 4-51

4.2.4　支付宝也能加好友

支付宝可以加好友后，朋友之间金钱往来更加方便了，不仅可以聊天，还省去了每次转账时都要输入账号的麻烦，进入支付宝加好友的界面通常有两种方法。

- 点击支付宝首页右上角的"+"，在下拉列表中选择"添加朋友"（图 4-52），进入"添加朋友"界面，可以对账号进行搜索添加；扫"我的二维码"添加，也可以用可能认识的人、手机联系人、面对面建群等多种方式添加（图 4-53）。

- 在支付宝"我的"界面中，点击右上角的"+"（图4-54），添加朋友（图 4-55）。

图 4-52

图 4-53

图 4-54

图 4-55

跟我学：计算机端的支付宝有什么不同

对于计算机端或手机端下载安装的支付宝，其功能都是一样的，都能支付和转账，只不过一个针对手机客户端，一个针对网页端（图4-56）。网页端不能像手机客户端一样使用"扫一扫"进行移动支付。

图 4-56

4.3 很复杂，需要这样理顺

面对这么庞大的用户群，支付宝可供选择的功能多是理所当然的。可能，这些对于年轻人来说十分简单的操作，在中老年人看来或许就没有那么容易了，想问子女，又不想老是麻烦他们，自己琢磨，又琢磨不透。如此一来，还没开始就可以已经退缩了。

72岁的朱老伯在读完《又见排队潮，老人离"支付宝"有多远》这篇报道后感叹到："现实中，越来越感到回避现代化的工具是不明智的，现代技术与生活越来越息息相联，带来想不到的方便和实惠……"对于不了解而不敢用的"心理障碍"，是非常没有必要的。其实支付宝并没有想象中的那么复杂，学会经常用到的功能再熟悉可能用到的功能，也可以轻松理顺支付宝的使用流程。

◑ 4.3.1　轻理财，试试余额宝

现在，中老年人在理财大军中占有相当大的比重，而且金额还不在少数。对于中老年人来讲，理财的目的更重要的是减少风险，让资金尽可能多地增值保值（图 4-58）。余额宝是支付宝打造的余额理财服务产品，它具有"收益日结""多重保障""随时存取"的特点。

图 4-57　　　　　　　　　　　　图 4-58

收益日结

"收益日结"是指用户转入的资金在基金公司确认份额的第二天即可看到收益，前一天的收益会在每天下午到账。但是用余额宝消费或转出的部分资金，当天没有收益。

多重保障

开通余额宝后，账户交易会产生的风险都在实时监控下，

账户资金由保险公司保障。如果余额宝资金被盗，会由保险公司赔偿。

随时存取

余额宝里的资金随时可以消费或者转出，一个账户一天最多可进行 3 次转出至银行卡的操作。

怎样开通

打开支付宝，进入"我的"界面（图 4-59），找到"余额宝"并点击，进到相应界面（图 4-60）。点击下方的"立即开通"后，了解服务提供方和基金代码，确定支付宝账户和姓名之后点击"确认"按钮（图 4-61）。选择转入方式和转入金额后，点击"确认转入"按钮即可（图 4-62）。

图 4-59

图 4-60

图 4-61

图 4-62

◗ 4.3.2　看账单与资产分析

我们经常使用支付宝消费、转账、收款，有时候使用次数多了，难免会糊涂。支付宝账单是用户交易记录的一种方式。"账单"与"总资产"都在"我的"界面中（图 4-63），点击进入账单，就能看到所有的消费记录（图 4-64）。

在总资产界面中，又分为"精选""理财""资产"3 个功能项。

精选

在"精选"界面中，可以转入余额宝（图 4-65），又可以预约定期理财、体验短期理财、买入活期理财（图 4-66）。

图 4-63

图 4-64

图 4-65

图 4-66

理财

点击进入"理财",上方有"定期""基金""股票""黄金"4个选项(图4-67),各自选项下都有相对的理财产品,下方又按"稳健收益"和"浮动收益"分为两大类产品(图4-68)。

图 4-67

图 4-68

资产

在"资产"界面中,可以看到自己账户的总资产(图4-69),包括余额、余额宝、定期、基金。如果购买了理财产品,昨日的收益也会显示出来。点击下方的"风险评测"进行评测,可以了解自己的风险类型,清楚风险类型方便选择更适合自己的理财产品(图4-70)。

图 4-69

图 4-70

⬤▬ 4.3.3 "蚂蚁"分期付款

　　蚂蚁分期付款又称"花呗"，是由蚂蚁金服提供给消费者"这月买，下月还"的网购服务（图 4-71），不仅在线上支付可以使用，蚂蚁花呗还布局了线下 200 余家商户可分期付款。蚂蚁分期为消费者解决了暂时性资金短缺的问题，并且使用花呗消费时常还有优惠可领。

图 4-71

在支付宝"我的"界面中"花呗"界面的下方，有 4 个不同的选项。它们分别是"我的花呗""花呗权益""分期商品"和"设置"，各个选项都对应不同的界面，各个界面下又包含不同的服务和功能。

我的花呗

"我的花呗"界面主要是分为"我的账单"与"我的额度"两部分（图 4-72）。点击进入"我的账单"可以看到已出账的账单与未出账的账单，以及还款情况（图 4-73）。

图 4-72

图 4-73

点击可用额度下方的"查看详情"，在我的额度界面中（图 4-74）可以看支出明细和设置总额度。在总额度管理中可根据需要调整额度（图 4-75），调整金额只能以 100 元为单位。

花呗分期的消费金额可以自己设置，每个月仅限调整一次，额度调整后当月无法撤销，还款后消费额度会自动恢复。

花呗分期可以申请 3、6、9、12 个月分期还款，分期月数不同收取的利息也会不同，可以根据自身资金情况选择提前还款。

图 4-74   图 4-75

花呗权益

在"花呗权益"界面中可以看到自己的积分，积分可以用来兑换一些商品的优惠券、代金券、手机话费流量券等（图 4-76）。"笔笔抽奖"是指每用花呗消费一次就赠送一次抽奖的机会，奖品一般是某品牌的优惠券（图 4-77）。

分期商品

点击进入"分期商品"界面可以看到一些免息的商品，包括手机、家电、数码、珠宝、家装等（图 4-78），可以点击进入各个分会场查看详细情况（图 4-79）。

图 4-76

图 4-77

图 4-78

图 4-79

设置

在"设置"界面中（图 4-80），有额度设置和帮助中心，可以设置花呗为首选付款方式（图 4-81），点击其他可以关闭花呗。

图 4-80　　　　　　　　图 4-81

4.3.4　跟踪网购快递信息

有网友形象地将"等快递"的心情比喻为与失散多年的孩子即将重逢。我们在网上购物时，都想看到快件的送达状态。那么，我们在查看快件的物流信息时，除了可以在网上输入运单号查看物流信息外，还可以通过手机支付宝来查看。

1.　用支付宝查快递

第一，打开支付宝，进入支付宝首页，点击首页的"更多"（图 4-82）。

第二，在全部应用中分为"最近使用""为你推荐""便民生活""资金往来""购物娱乐""财富管理""教育公益""第三方服务"8 部分，各部分都包含各项应用或服务。在"便民生活"中找到"我的快递"（图 4-83）。

图 4-82

图 4-83

第三，进入"我的快递"界面（图 4-84），在界面下方可以看到以往的一些物流信息，可以点击查看详细信息。还可以点击界面上方的"查快递"，通过输入运单号（图 4-85）进行查询（图 4-86），得到物流详情（图 4-87）。

2. 用支付宝寄快递

寄快递用支付宝下单也十分方便，在"我的快递"界面点击"寄快递"，自主选择要使用的快递公司，例如顺丰速运、菜鸟驿站等（图 4-88）。选择一家后点击进入，填写寄件人和收件人地址，确认寄件的物品类型（图 4-89），点击"我要寄件"按钮，即下单成功（图 4-90）。输入要支付的运费和支付密码完成支付（图 4-91）。

图 4-84

图 4-85

图 4-86

图 4-87

图 4-88

图 4-89

图 4-90

图 4-91

4.3.5 优惠券随时带身上

用手机支付宝支付的好处除了方便之外，还有一个看得见的实惠，就是可以领取优惠卡。比纸质优惠券更方便的是，纸质的优惠券可能忘带，而支付宝上的优惠券，你只要是带了手机，就随时可以使用。

1. 卡包

打开并登录支付宝后，点击首页的"卡包"（图4-92），进入"卡包"界面（图4-93）。在"卡包"界面上方的一栏中有"优惠券""会员卡""奖励金""优惠消息"4个图标，逐一点击图标会跳转至不同的界面。

图4-92

图4-93

其"优惠券"中包含附近"餐饮""商超""丽人""玩乐"4部分中有优惠券可领的门店（图4-94）；"会员卡"

分为"购物""生活""美食"，其中都有可领取的会员卡，领取会员卡可享受专属优惠，领积分兑好礼（图4-95）。

图 4-94　　　　　　　　　　图 4-95

"奖励金"是指支付宝倡导"无现金日"推出的活动，用户只需要在参与活动的门店，用支付宝进行两次金额均大于两元的消费，即可领取奖励金，奖励金可以直接用来支付（图4-96）。

"优惠消息"中有一些已获得的优惠记录，还有一些热门活动（图4-97）。

2. 领取优惠券

领取优惠券可以直接在优惠券专属优惠界面中点击红色的"立即领取"。领券后即可在到店消费时使用，优惠券界面包含商品详情（图4-98）、适用门店、用户评价以及使用须知（图4-99）。

图 4-96

图 4-97

图 4-98

图 4-99

跟我学：查看更多个人消费记录

手机登录支付宝后，点击"我的"界面中的"账单"，页面会显示该支付宝账号最近的收支明细记录（图4-100）。也可以通过点击右上方的"筛选"，通过更多的筛选方式，使用"网购""线下消费""理财""转账""提现""红包"等关键字，以及收支发生的时间进行筛选（图4-101），查询该账户的收支明细。

图 4-100

图 4-101

第 5 章

支付宝是网购主力军

 内容摘要

天猫淘宝都靠它

延展服务更强大

探索尝试新功能

滑动解锁

　　网上购物作为一种潮流和时尚，已经不再是年轻人的专利，越来越多的中老年朋友纷纷表示能接受并愿意去尝试这种新的消费方式。在网购大军的带领下，"淘宝""支付宝"这些词语也逐渐出现在他们的生活中。

　　在网上购物不仅能买到在市场没有的商品，并且网上还有许多打折促销活动。一些喜欢跳广场舞的大爷大妈们，他们的舞蹈服饰就经常在网上订购；一些注重身体健康、讲究养生之道的中老年人，就时常在网上订购一些打折促销的营养保健品；对于一些上了年纪的空巢老人来说，网上购物快递送上楼也是吸引他们的重要因素之一（图 5-1）。

图 5-1

　　支付宝作为淘宝网开发的一个支付平台，是进行网购的必要基点。用户在网上购物时，通过支付宝将消费金额从自己的支付宝转移到卖家的支付宝，在确认收货之前，卖家并不能随意处理这部分资金，只有买家拿到商品后，觉得没有问题，确认收货交易成功，才把钱从支付宝转到卖家账户。

　　如果对商品不满意，把它退回，钱就会从支付宝转回自己的账户。支付宝就是这样一个淘宝购物时必不可少的中间平台（图5-2）。在网上购物时，它不仅是买家与卖家之间的桥梁，更像是给购物者提供担保的"法官"。

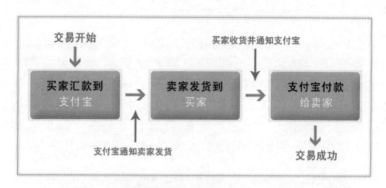

图 5-2

5.1 天猫淘宝都靠它

随着在网上购物的人数越来越多，各大网上购物平台纷纷兴起，像天猫、淘宝、京东、亚马逊、当当之类囊括了从生活用品到服饰服装、珠宝配饰、手机数码等各个品类。甚至可以毫不夸张地说，在线下实体店能找到的商品，在这些平台上基本都能找到。

其中，天猫（图5-3）和淘宝（图5-4）拥有近5亿的注册用户数，每天有超过6000万的固定访客，平均每分钟售出4.8万件商品。

对于在天猫和淘宝上进行的交易，必须通过支付宝来完成支付。也就是说，如果手机上没有支付宝软件，就不能通过手机线上支付在淘宝和天猫上购物，只能采购一些支持"货到付款"的商品。而那些只能"在线支付"的商品，就必须通过支付宝，它是一个必要的支付桥梁。

图 5-3　　　　　　　　　　　　图 5-4

⬤ 5.1.1　各大平台基本都能支持

支付宝作为生活中最常用到的支付软件之一，除了是在天猫和淘宝购物的必备软件之外，它还能完成其他网上购物平台的支付（图 5-5）。

1.　淘宝

在淘宝上购物时，在"确认订单"界面点击右下角的"提交订单"按钮（图 5-6），即可进入支付宝的支付界面（图 5-7）。

2.　当当

在当当网上购买一本书，在订单结算界面（图 5-8）点击"去支付"，即可看到"支付宝支付"这一支付方式（图 5-9），而且选择支付宝支付还有一些优惠可享。

3.　亚马逊

去亚马逊网购买商品，在支付方式选择界面中也提供了"支付宝"的选项（图 5-10）。

图 5-5　　　　　图 5-6　　　　　图 5-7

图 5-8　　　　　图 5-9　　　　　图 5-10

5.1.2　网购支付与找人代付

在日常习惯的支付方式中，手机成为最常用的电子支付媒介，其中，支付宝是现在网上购物支付的主流。在淘宝或天猫网上购买一件商品时，可以直接自己支付，但当出现支付宝中的余额不足，又不舍得放弃自己喜欢的商品时，还可以找别人代付。

1.　网购支付

打开淘宝，挑选到自己喜欢的商品后，加入购物车（图5-11），加入购物车后勾选该商品并点击"结算"按钮（图5-12）。

图 5-11

图 5-12

确认后提交订单（图5-13），最后确认付款并输入密码以完成支付（图5-14）。

图 5-13　　　　　　　　　　　　　图 5-14

2. 找人代付

如果在确认付款时没有完成支付，系统会在我的订单中生成一个待付款订单（图5-15）。点击进入"待付款"订单，点击左下方的"更多"中的"朋友代付"（图5-16）。

在支付宝"找人代付"界面中，输入代付人支付宝账号或手机号码即可（图5-17）。账号或号码填写正确后，系统会提示代付信息已提交，代付人会收到你的代付信息，这时只需要代付人完成付款就可以完成交易（图5-18）。

图 5-15

图 5-16

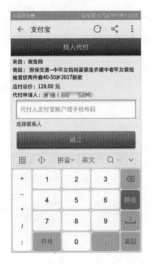

图 5-17

图 5-18

5.1.3　快捷支付的开通与使用

通常，支付宝账户中绑定好的银行卡都支持快捷支付，所以，只需要支付宝绑定银行卡，就可以完成快捷支付。通过手机支付宝开通快捷支付的具体流程如下。

(1) 登录支付宝，点击"我的"界面中的"银行卡"，点击右上角的"+"（图 5-19）。

(2) 填写添加银行卡的卡号，点击"下一步"（图 5-20）。持卡人姓名不能改，因为只能绑定支付宝账户本人实名认证的银行卡。

图 5-19　　　　　　　　　　图 5-20

(3) 系统读取银行卡信息，确定银行卡类型后，填写在银行预留的手机号（图 5-21）。

(4) 接收并输入短信校验码后，点击"下一步"（图 5-22），完成绑定，绑定后就可以进行快捷支付了。

图 5-21

图 5-22

5.1.4　确认收货和退款到账

1.　确认收货

"确认收货"是指在淘宝购物，收到购买的商品后，觉得满意后，确认收货。确认收货时，需要输入支付密码，这个操作是支付宝把您的消费金额给卖家，并不是说要完成二次付款。如果 15 天内没有确认收货，也没有提出异议，支付宝也会把货款支付给卖家。

收到商品后，打开淘宝，在"我的订单"中，点击"待收货"一栏，找到已收到货的商品，点击右下角的"确认收货"按钮（图 5-23），输入支付密码即确认收货成功（图 5-24）。

图 5-23

图 5-24

2. 退款到账

退款是由于没有收到货、买错商品、买重商品或者其他原因而申请退回支付的货款。如果是用手机支付宝或者储蓄卡网银支付，那么退款的金额将直接退回支付宝账户。退款需要买家与卖家沟通，一般卖家同意退款后，几分钟时间就能退款到账；如果卖家没有确认，那么在 24 小时内也能退款成功。

在淘宝"我的订单"中，找到需要退款的商品，点击进入"订单详情"，选择"退款"（图 5-25），再选择服务类型（图 5-26），因为还没有收到商品，所以勾选"仅退款"。

在申请退款界面，选择货物状态（图 5-27）、未收到货还是已收到货、退款原因（图 5-28），不喜欢不想要还是其他原因，都填写好之后，点击下方的"提交"按钮即可（图 5-29）。

图 5-25　　　　　　　　图 5-26

图 5-27　　　　　　图 5-28　　　　　　图 5-29

3. 退款和退货的区别

退货是在收到商品之后，对商品不满意，向卖家申请退回购买的商品。在网上进行购物时，因为看不到实物，仅几张照片，难免收到货后与想象中的有出入。退货时需要联系卖家并合理说明原因，卖家同意之后将商品寄回，一般没有特别说明的产品都支持 7 天无理由退货。

为了不影响卖家退回金额以及商品的二次销售，尽量保证寄回的商品完整无损。关于退货时寄件产生的费用，如果卖家有赠送运费险或者自己购买了运费险，用户就可以不用承担运费；如果没有运费险可以跟卖家商量（图 5-30）。

图 5-30

在商品详情页，点击左下角的"客服"（图 5-31），会出现一个与卖家联系的窗口（图 5-32），在这里可以与淘宝卖家进行交流。

图 5-31　　　　　　　　图 5-32

⬤ 5.1.5　天猫、淘宝的透支服务

"透支"是指在一定的金额范围内，允许个人支出超过账户余额。就如信用卡可以透支一样，在天猫淘宝上购物也有一定的透支额度。

天猫和淘宝的透支其实就是支付宝的透支，支付宝花呗和借呗是需要账户个人积分达到 600 分以上才能开通的，系统有选择性地为账户开通透支功能，个人无法自主开通。在确认付款时（图 5-33），只需要把支付宝支付方式选择为花呗或借呗，并进行付款即可（图 5-34）。

如果没有开通花呗或借呗，在用支付宝支付时，可以通过绑定的银行卡进行透支消费。

图 5-33

图 5-34

跟我学：还不会淘宝的来学一学

随着网络购物市场越来越庞大，如今的中老年人也都与时俱进，紧跟时代的脚步。但是一些对于年轻人来说信手拈来的操作，在中老年人看来难免力不从心。这里就教大家怎么使用淘宝网进行购物。

1. 下载软件

使用手机淘宝的基础就是要在手机上有这个软件，在手机应用商店搜索"手机淘宝"，点击下载并完成安装（图5-35），安装完成后就可以在手机主界面找到该软件的启动图标（图5-36）。

图 5-35　　　　　　　　　图 5-36

2.　登录或注册账号

如果已经有了淘宝账号，直接在淘宝中登录即可，也可以使用支付宝账号快捷登录（图 5-37）。

如果还没有淘宝账号，就需要自己注册一个账户再使用。

点击"新用户注册"，进入免费注册界面（图 5-38），填好手机号码后点击"下一步"，完成安全校验（图 5-39）（向右滑动滑块即可），接收短信校验码并输入，点击"下一步"（图 5-40），填写信息完成注册。

3.　各界面介绍

注册好账号或者登录账号之后，进入淘宝主界面，在界面下方有 5 个功能选项："首页""微淘""消息""购物车"和"我的淘宝"。逐一点击这些图标会分别出现 5 种不同的工作界面，每个界面都包含了不同的操作选项与功能。

图 5-37

图 5-38

图 5-39

图 5-40

首页

在手机淘宝首页（图 5-41），可以利用界面最上方的搜索栏，对自己需要查找的商品进行检索；中间可以滚动的部分，是系统提供的一些正在搞活动打折促销的商家；那些"天猫""聚划算""天猫超市"等的图标是可以点击进入的，即从淘宝进入以上平台（图 5-42）；下方还有"淘抢购""爱逛街"等栏目。

图 5-41

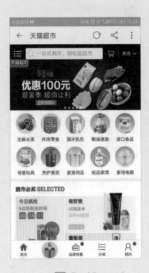

图 5-42

微淘

在此界面中可以看到我们通过淘宝关注的一些店铺的关注动态、宝贝上新（图5-43）以及在淘宝上的视频直播、精选热榜（图5-44）。

图 5-43　　　　　　　　图 5-44

消息

通过消息界面（图5-45），我们可以了解到购买商品的交易物流信息、手机淘宝的系统通知以及一些互动活动，还可以点击右上方的"+"，添加朋友并发起聊天。

购物车

淘宝上的购物车就如生活中逛超市时的购物车一样，可以将自己喜欢的、想要购买的东西加入到购物车中（图5-46），需要时再一并结算。

图 5-45

图 5-46

我的淘宝

在"我的淘宝"界面中（图 5-47），可以看到"我的订单"，包括待付款的、待发货的、待收货的、待评价的以及退款和售后，点击进入都可以看到相应的详细信息。还可以点击左上方的"设置"，对自己的收货地址等进行设置（图 5-48）。

4. 选购商品

例如，想在淘宝网上买一本《本草纲目》，打开淘宝，在淘宝首页搜索栏中输入"本草纲目"，点击"搜索"（图 5-49），就可以看到搜索出来的、按综合排序进行排列的有关《本草纲目》的所有商品（图 5-50）。

图 5-47

图 5-48

图 5-49

图 5-50

　　或者我们也可以点击综合排序旁边的"销量优先"，商品则会根据销量从高到低排列（图 5-51）。或者我们还可以进行筛选，进一步选择更适合我们的产品（图5-52）。

| 图 5-51 | 图 5-52 |

筼选完成后，进入商品详情页（图 5-53），除了可以看商品的详细信息，还可以查看对该商品的评论，了解所有信息之后，再决定加入购物车并最终结算（图 5-54）。

| 图 5-53 | 图 5-54 |

5.2　延展服务更强大

　　现在，支付宝不仅是一种支付工具，随着科技的不断进步，也开发了许多其他方面的功能，例如交通出行、医疗，甚至加好友聊天以及生活中各方面的缴费等，可以用微信支付的，用支付宝支付同样可以完成，微信支付不支持的 NFC 支付方式，支付宝却能支持。

5.2.1　同样支持生活类缴费

　　同微信支付一样，支付宝也支持各方面生活类的缴费。打开手机支付宝，在首页中间可以看到有许多其他的延展功能，例如"转账""信用卡还款""充值中心""余额宝"等（图 5-55）。点击下方的"生活缴费"，进入生活缴费界面（图 5-56）。

图 5-55　　　　　　　　　　图 5-56

可以参与"水电燃广电狂欢节"，点击"免费领取"按钮（图5-57），即可领取缴费红包（图5-58）。

图 5-57

接下来在生活缴费界面中选择一种需要缴纳费用的项目，例如电费，选择电力机构（图5-59），输入户号，点击"下一步"按钮（图5-60），填写需要缴纳的金额，并完成支付。

图 5-58　　　　　图 5-59　　　　　图 5-60

◯ 5.2.2 什么是 NFC 支付方式

"NFC 支 付"（图 5-61）是指消费者在购买商品时，采用 NFC 技术通过手机等手持设备完成支付，是一种新兴的移动支付方式，支付处理在现场进行，不需要使用移动网络。

图 5-61

NFC 是近场支付的主流技术，当支付宝 NFC 功能开启时，可在设备接触其他支持 NFC 的设备或 NFC 标签时发送或接收数据，完成卡片查询、充值、转账、支付、购买等相关操作。

点击"我的"界面中的"设置"，在设置界面中找到"通用"（图 5-62），在"通用"选项可以看到"NFC"，点击开启 NFC 功能即可（图 5-63）。

图 5-62

图 5-63

5.2.3　在境外支付体验也不错

随着在外旅游人数的不断增加，中国游客在境外消费的也越来越多，许多移动支付平台先后拓展了海外业务，在纽约街头（图 5-64），在韩国超市（图 5-65）等都能使用支付宝支付。"中国人到哪儿，哪就有移动支付"，看看出境旅游的人数，中国移动支付平台出走海外也是大势所趋。

图 5-64

图 5-65

5.2.4　支付宝与信用卡还款

信用卡还款（图 5-66），是支付宝推出的在线信用卡还款服务，可以使用支付宝账户的余额、快捷支付或网上银行，轻松实现跨行、跨地区的为自己或为他人的信用卡还款的操作。

图 5-66

打开手机支付宝，点击界面中的"信用卡还款"，点击"添加信用卡"，随后进入添加页面，填写发卡银行、卡号以及姓名（姓名与支付宝绑定账号需为同一人）。

绑定信用卡后，可以直接点击信用卡管理页面的"立即还款"，也可以切换到还款主页，点击"立即还款"。

之后进入还款提交申请阶段，填写需要还款的金额后，点击"提交还款申请"。

最后，进入付款流程，可以选择支付宝余额、余额宝或者网上银行进行支付。

⬤▬ 5.2.5　独一无二的亲情账户

支付宝目前是很多人都在使用的支付工具和理财工具，在生活中使用起来比较方便。支付宝升级后又新增了"亲情圈"和"亲密付"功能，能够帮助家人朋友开通亲情账号，帮助父母理财，在父母使用支付宝付款的时候就能关联到我们的支付宝进行支付，这样增进了亲情，也方便了生活。

1.　亲情圈

打开手机支付宝软件，在首页的"更多"中找到"资金往来"中的"亲情圈"（图5-67），点击进入"亲情圈"界面（图5-68）。

在"选择关系"界面选择一种关系，"爸爸""妈妈""爱人"等（图5-69），关系选择好后，输入对方的支付宝账号，确认无误后创建亲情圈，同意协议并加入亲情圈（图5-70）。

图 5-67

图 5-68

图 5-69

图 5-70

　　点击"加入亲情圈"按钮后，需要输入一次支付密码（图5-71）验证身份，输入支付密码后等待对方确认，即可加入亲情圈（图5-72）。

图 5–71

图 5–72

2. 亲密付

　　打开手机支付宝软件，在首页的"更多"中找到"资金往来"中的"亲密付"，点击界面中的"为 Ta 开通"或"求开通"（图5–73）。对于中老年朋友来说，可以选择要子女为我们开通，在求开通界面，输入对方的支付宝账户（图5–74），然后点击"下一步"按钮。输入对方账户后，点击"确定"按钮（图5–75），请求开通成功。

图 5-73　　　　　　　图 5-74　　　　　　　图 5-75

跟我学：自动贩卖机怎么用手机支付

　　地铁站或轻轨站等地方都会有自动贩卖机，当你苦于没有零钱，或者不想拿着过多的硬币时，手机支付便成了最好的选择（图 5-76）。

　　打开手机支付宝，选择首页的"付钱"，在向商家付钱界面点击右下方的"声波付"。靠近自动贩卖机并在贩卖机上选好想买的商品，单击"购买"，选择支付宝支付，然后售货机就会提示你将手机放在声源接收处附近，这时单击"刷新"，手机上就会显示出货物信息及价格，确认支付完毕，商品就会掉出来了。

图 5-76

5.3 探索尝试新功能

如今的支付宝正在悄然改变着我们的支付习惯，但这股移动支付浪潮中的参与者并不是只有支付宝，支付宝也不只是凭其支付功能就占据领先地位的（图 5-77）。

图 5-77

"随着业务和战略定位的升级变化，支付宝从一个支付工具，发展成为贯穿用户各个生活场景的服务平台，支付早已不是支付宝的唯一核心业务。"支付宝事业群总裁说。

⬤〇 5.3.1 语音机器人服务引导

智能语音发展到今天已有许多年的历史，随着物联网概念的兴起和发展，智能语音系统进化升级后重新进入大众视野。支付宝 9.9 版本的正式启动，首次推出了新的智能语音机器人服务，用户以语音指令方式就能直达所需要的服务。

在支付宝首页左上角的搜索栏中点击右侧的小话筒图标，启动智能语音机器人（图 5-78），去手机设置中打开麦克风访问权限，点击"设置"（图 5-79），在应用管理中选择"支付宝"。

图 5-78

图 5-79

在应用信息页面点击"权限"（图 5-80），在"应用权限"界面中将麦克风一栏灰色的开关图标设置为蓝色（图 5-81）。

图 5-80

图 5-81

麦克风权限开启后，就可以长按麦克风图标开始下达指令（图5-82），例如说"我要转账"，界面就自动跳转至转账界面（图5-83）。

图 5-82

图 5-83

⬤ 5.3.2 新年集福送礼

每当新年来临之际，一大波支付宝红包也在"路"上准备着。支付宝用户只需要集齐爱国福、富强福、和谐福、友善福、敬业福（五福），就有机会拼手气瓜分2亿元现金红包。

打开手机支付宝，在春节到来之前，在支付宝首页就可以看到大大的新年集福活动的图标，点击进入活动（图5-84），就可以看到"我的福卡"入口（图5-85）。

图 5-84　　　　　　　　　图 5-85

　　福卡可以通过每天扫福字获得，点击福卡界面下方的"扫一扫"按钮即可，可以去扫一扫家里的福字，也可以自己手写一个福字，扫福拼手气随机得福。还可以邀请朋友送福，点击界面中"请朋友赐福"，发送请求，同意之后也可以获得福卡。或者通过支付宝界面的蚂蚁森林种树或给好友浇水也可获得福卡。

5.3.3　电动汽车充电也能刷

　　电动车以其零污染、零排放、极低的出行成本等特性，俨然已成为人们购车的重要选择之一，再加上环保诉求和政府的大力补贴，越来越多的人加入了驾驶电动车的行列。特别对于中老年人来说，驾驶电动汽车更加安全。但是，对于电动车车主来说，寻找充电桩似乎是一件比较麻烦的事情，即便找到了，也可能需要排队等待充电而耽误行程。

现在，随着支付宝上线了"电动汽车充电桩"服务功能（图5-86），电动车车主就可不必担心这件事情了，用户只需要在手机上下载安装支付宝，就可以轻松、方便地查找就近的电动车充电桩了。

图 5-86

打开手机支付宝，在首页点击"更多"进入全部应用，在"便民生活"中找到"城市服务"（图5-87），在"城市服务"中选择"车主"（图5-88）。

图 5-87　　　　　　　　　图 5-88

点击"车主"下方的"其他服务"，找到其中的"汽车充电站"（图 5-89），然后点击进入服务授权（图 5-90）。

图 5-89   图 5-90

点击"确定"按钮后，就可以看到地图上的蓝色充电桩小标志（图 5-91），还可以在地图上进行缩放操作，点击其中任意一个蓝色小图标，界面下方都会弹出选中充电桩的具体地址、开放时间和电枪状态。可以点击界面底端的"去这里"或"站点详情"按钮进入相应界面（图 5-92）。

点击"去这里"进入"充电桩导航"界面，系统会根据定位提供去此充电桩的路线（图 5-93）；"站点详情"界面中有充电价格、名称及编号等信息（图 5-94）。

图 5-91

图 5-92

图 5-93

图 5-94

5.3.4　声波支付也可试一试

　　声波支付，是利用声波的传输，完成两个设备的近场识别。其原理是在第三方支付产品的手机客户端中内置了"声波支付"功能，用户可以通过手机去购买售卖机里的商品。使用时，手机播放一段"咻咻咻"的超声波，然后售货机听到这段声波之后就会自动处理，用户在手机上输入支付密码，就可以从售货机取出该商品（图5-95）。

　　声波支付不仅可以在自动贩卖机上购买商品，还可以实现朋友之间的转账（图5-96）。

图5-95

图5-96

5.3.5　指纹支付提供新体验

　　指纹支付，是采用已成熟的指纹系统进行消费认证。随着更多手机开通指纹支付功能，一些常见的软件也采用了指纹支付等模式，指纹支付可以更安全、更高效的完成支付操作。用户开通该功能后，下单后进入支付流程，根据界面提示将手指置于手机指纹识别区，即可实现"秒付"，整个支付流程无须输入支付密码。

在支付宝中设置指纹支付时，首先打开支付宝，进到"我的"界面（图5-97），在界面中点击"设置"，在"设置"界面中进入"支付设置"（图5-98）。

图 5-97

图 5-98

在"支付设置"界面中（图5-99），有自动扣款、小额免密支付、指纹支付等。点击开启指纹支付，将手指放置在手机指纹识别区验证指纹（图5-100）。

指纹录入后，需要输入支付密码，完成身份验证（图5-101），身份验证完成后，即可在转账、支付时直接通过指纹验证完成付款了（图5-102）。

图 5-99

图 5-100

图 5-101

图 5-102

跟我学：随便连接无线网络不太安全

　　由于目前免费 WiFi 市场缺少统一的服务标准和行为规范，基础安全能力往往被忽视，而用户使用免费 WiFi 的安全隐患日益凸显，公共场所使用 WiFi 不一定安全。

1. 谨慎对待热点

　　如今的 WiFi（图 5-103）网络已经十分普遍，任何人都能够通过手机来建立起一个热点，并伪装为一个 WiFi，并使他人进行连接，这也是对计算机进行攻击的一个很简单的方式。如果对于接入的网络感到疑惑，就应该立即停止连接，特别是当一个"免费"的 WiFi 索要信用卡密码的时候。

图 5-103

2. 更新防火墙和杀毒软件

　　防火墙和杀毒软件并不能抵御所有的恶意攻击，但能在使用 WiFi 时保护手机免于病毒的破坏（图 5-104）。

图 5-104

3. 关闭一些共享功能

计算机的互联共享功能应用在办公中十分有用，但在公共环境中却成了安全方面的隐患。在公共网络环境中关闭可能泄露自己信息的共享功能，有助于提高网络安全性（图 5-105）。

图 5-105

4. 对手机进行清理工作

在使用完公共 WiFi 之后，对手机做一些清理工作是很有必要的（图 5-106）。因为即使使用的是自己信任的网络，也无法保证百分之百的网络安全。

图 5-106

5. 注意自身在公共场所的行为

人们都普遍享受私人空间，在公共场所使用手机上网经常会忘了周围陌生人的存在。然而，意识到自己是在与其他人共同连接一个网络十分重要，注意不要在公共网络中泄露自己的信用卡和银行卡密码等个人信息，即使公共 WiFi 是经过加密的，也无法阻止他人窃取自己的信息（图 5-107）。

图 5-107

第 6 章

有闲钱可以手机理财

 内容摘要

银行理财知多少

理财软件要谨慎

微信也能够理财

滑动解锁

　　手机理财是指通过移动通信网络，将用户的手机连接至银行，实现直接通过手机完成各种金融理财业务的服务系统。由于手机操作的便利性和理财软件的丰富多样性，越来越多的人开始使用手机进行理财（图6-1），并且随着各项业务的进一步扩展，手机必定成为我们身边忠实的"管家"和得力的"财务顾问"。

图6-1

　　中老年人群体相比年轻人应该更需要进行理财。一来，中老年人手握养老金和儿女给的家用钱，而且日常开销并不大，闲钱比较多；二来，大部分的中老年人拥有大把的时间来研究各个平台的优劣，加上自身丰富的社会经验，具有自己独特的见解。这些特有的理财优势，使大部分的中老年人长期活跃在各大理财软件中，尤其是那些有存款、有时间、有精力的退休人士。

6.1　银行理财知多少

　　银行理财从字面上理解，就是通过银行来进行财产管理，用户将资金存入银行，委托银行来进行管理（图6-2）。在过去，人们经常将多余的资金存入银行，为什么人们通常会认为银行比较安全呢？主要是因为许多银行是国有的大型银行，老百姓把钱存进去不但不怕被偷走，而且还有利息保证，基层投资者的心理大概如此。

图 6-2

◖◗ 6.1.1　各大银行手机客户端

1.　手机银行介绍

随着各大商业银行对理财市场的争夺越来越激烈，各大银行的手机客户端软件也层出不穷，手机银行也被越来越多的市民所认可。移动银行业务不仅可以使人们在任何时间、任何地点处理多种金融业务，而且极大地丰富了银行服务的内涵，使银行能以便利、高效、安全的方式为客户提供传统和创新服务。

用户只需要将手机号与银行账户进行绑定，在手机上安装网上银行客户端软件，或者通过手机访问专为手机用户开发的网站，就可以让手机成为一个掌上的银行柜台，随时随地享受理财、炒股、查询转账等方面的金融服务（图 6-3）。

图 6-3

2. 认识各大银行手机客户端

绝大部分银行都有手机银行客户端软件，生活中我们常用的包括中国工商银行手机客户端（图6-4）、中国建设银行手机客户端（图6-5）、中国农业银行手机客户端（图6-6）、中国邮政储蓄银行客户端（图6-7），等等。

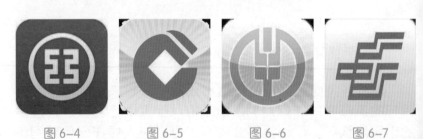

图 6-4   图 6-5   图 6-6   图 6-7

6.1.2   如何申请手机银行服务

想要享受手机银行带来的便利，首先需要申请开通手机银行。开通手机银行时，银行为了用户资产的安全，一般要求用户去营业厅办理（图6-8）。要开通手机银行，直接到柜台办理相应的业务，按照银行工作人员的要求进行操作即可。

　　去银行办理业务时，必不可少的东西就是身份证（图 6-9），去办理业务时，不仅需要携带居民身份证，还要避免身份证无效的情况出现。银行都是通过身份证核对个人信息后，才可以去办理业务，居住证与居民户口本都是不行的。

图 6-8　　　　　　　　　　　　　　　图 6-9

🔘 6.1.3　手机端的转账与支付

　　开通了手机银行功能后，下载相应银行的手机银行客户端并安装。通过手机银行客户端软件进入手机银行，就可以进行手机转账与支付等操作。

　　不同银行的手机银行客户端界面和拥有的服务会有不同，下面以农业银行的"农行掌上银行"为例进行说明。

　　打开手机银行，进入首页（图 6-10），在首页即可看到"我的账户""转账""信用卡""手机充值"等各项操作，首先点开"我的账户"并登录账号（图 6-11）。

图 6-10 图 6-11

点击下方的"投资"，即可以进入"投资"界面，在此可以进行理财、查看基金、购买保险等操作（图 6-12）。在"商城"界面还可以直接通过手机银行进行购物（图 6-13）。

图 6-12 图 6-13

点击"附近"，系统根据定位提供附近的餐饮美食、超市百货、生活缴费、出行旅行等服务（图 6-14）；"我的"界面中包括我的账户、我的基金、安全中心等选项（图 6-15）。

转账直接点击首页中的"转账"，在"转账""收款账户管理""转账撤销"3 个选项中选择"转账"（图 6-16）。进入转账界面，填写收款方、收款账户（可填写对方手机号码）、选择收款银行，填写要转账的金额后，点击"下一步"按钮（图 6-17），输入支付密码完成转账。

图 6-14

图 6-15　　　　　　　图 6-16　　　　　　　图 6-17

6.1.4 银行理财产品

银行理财产品是各家银行对其各自潜在的目标客户群进行分析和研究，针对特定目标客户群开发设计并销售的资金投资和管理计划（图 6-18）。在理财产品这种投资方式中，银行只是接受客户的授权并管理资金，投资收益与风险由客户或客户与银行按照约定的方式双方承担。一般根据预期收益的类型，我们将银行理财产品分为固定收益产品、浮动收益产品两类。

图 6-18

1. 固定收益产品

银行理财固定收益产品定期时间长，而且收益相对而言比较低，主要投资于货币市场、国债、金融债等风险较低的品种。各家银行销售的产品都各不相同，但是风险都比较低。

对于想要有收益又不愿承担太大风险的人来说，银行固定收益理财产品是不错的投资选择。但是，风险低并不意味着没有风险，在选择投资理财产品时一定要选择最适合自己的产品。

2. 浮动收益产品

浮动收益类产品又分为"保本浮动收益产品"和"非保本浮动收益产品"，浮动收益产品比固定收益类理财产品的收益率相对较高，但是风险也大。

6.1.5　投资原则与收益计算

随着经济持续快速增长，居民的收入得到迅速提高，理财和投资的意愿不断增强，使我国理财市场呈现出蓬勃发展之势。但是，对于任何投资来说，都没有百分之百的安全，只要是投资必定伴随着风险，收益越高风险越大。而对于中老年人来说，要想安全理财，要谨记"三要"和"三不要"的基本原则。

1. "三要"原则

一要"稳"

中老年人本身的收入在这个时间段已经基本停止，对于理财带来的风险承受能力逐渐减弱，因此，理财首先需要考虑的就是本金的安全，在本金基本安全的基础上再去追求相对高收益的理财产品。并且现在市场上许多打着"高收益理财，稳赚不赔"幌子的产品（图6-19），都有可能是一些投资陷阱。

图 6-19

二要"分"

中老年人在投资理财的过程中，应该注意通过分散投资来降低理财过程的风险（图6-20），不要把所有的资金都投入一个项目中，这样不仅风险大，还有可能吸引不法分子的注意，导致财产损失。

三要"短"

中老年人在投资理财的过程中要特别注意收益期限。由于理财市场本身变化很大，再加上中老年人年事已高，精力也不如年轻人充沛，所以即便是期限长收益更高，中老年朋友也要慎重考虑。具体来说，建议选择三个月到一年半的产品为宜（图6-21）。

图6-20

图6-21

2. "三不要"原则

不要轻信高收益

在许多日常案例中，我们经常看到上当受骗都是从高收益开始的。有不少非法集资类型的投资公司抓住投资者贪图高收益的心理，给出较高的年化收益率来吸引中老年人，使很多投资者在不知不觉中忽略了投资本身的风险而上当受骗。

不要贪图小便宜

"免费""限量""促销"等词语往往特别能吸引人的眼球，然而这就是某些居心不良的投资公司的惯用伎俩。要知道天上不会掉馅饼，理财投资防骗更要防贪心，不要因为一时的小优惠损失更多的钱财。

不要投资不熟悉

理财市场千变万化，中老年人可能很难有快速的反应去分辨新的投资品种。如果并不了解或不熟悉各品种的风险所在，那么最好不要投资该类产品。

3. 收益计算

一般理财产品预期年化收益的计算方法：

预期年化收益 = 购买资金 ×（预期年化收益率 ÷ 365）× 理财实际天数

跟我学：不要把鸡蛋放在一个篮子里

这里所说的"不要把鸡蛋放在一个篮子里"是指，当我们在进行投资理财时，不应该把所有的资金全都投资到一个产品或项目中，应当注意分散资金，避免全盘皆输的出现。

具体举例来说：如果投资保本类固定收益产品，可以选择存款、保险、货币基金、银行人民币理财等不同的理财工具；而如果投资浮动收益产品，可选择股票、股票型基金、混合型基金、阳光私募等不同的品种（图6-22）。

图 6-22

6.2 理财软件要谨慎

随着理财市场的争夺越来越激烈，各项产品、手机理财软件可谓琳琅满目（图 6-23）。然而，对于老百姓来说，要在这么多五花八门的手机理财软件中（图 6-24），选择真正适合自己的产品，还真要好好研究和分析一番。

图 6-23   图 6-24

6.2.1　常见的靠谱理财软件

2017 年以来，随着移动支付的爆发，使手机银行、移动支付等移动金融产品市场前景得到了极大的拓展。在"正规军"银行参与移动互联网和手机银行用户规模迅速提高的同时，由第三方支付公司推出的理财 App 也悄然兴起。

然而，我们在进行手机理财时，不能盲目、随意地选择手机理财软件，因为不同的软件侧重点不同。在 2017 年，最常见、靠谱的手机理财软件有：随手记（图 6-25）、钱贷网（图 6-26）、同花顺（图 6-27）、挖财记账理财等（图6-28）。

图 6-25　　　　　图 6-26　　　　　图 6-27　　　　图 6-28

 ### 6.2.2　账号注册与绑定卡号

1．注册账号

下载理财软件（挖财记账理财）并完成安装之后，需要注册一个自己的账号，再绑定好银行卡。

点击进入挖财记账理财软件（图 6-29），选择注册或直接进入首页（图 6-30）。如果有该软件的账号，就直接点击进入首页；如果没有，则需要注册一个自己的账号。

图 6-29

图 6-30

注册账号首先需要输入自己的手机号码以完成短信验证，输入手机号码后，点击下方由灰色变成红色的"获取验证码"按钮（图 6-31）。手机收到短信之后，在验证码输入栏中输入验证码，点击下方的"验证"按钮即可（图 6-32）。

验证成功之后，设置密码完成注册。在密码栏中设置一个自己容易记住的密码（图 6-33），为了不出错可以点击密码旁边的"眼睛"图标，确认密码之后再点击"确定"按钮（图 6-34）。

2. 软件界面介绍

密码设置好之后，就可以成功进入软件了，界面下方共有"记账""账户""理财""发现""我的"5 个小图标。不同的小图标分别对应不同的工作界面，图中每个图标都会呈现红色和灰色这两种状态，当某一个图标显示为红色时，表示已进入这个界面。

图 6-31

图 6-32

图 6-33

图 6-34

记账

在"记账"界面（图6-35），会显示本月的收入与支出，点击"记一笔"按钮，便可以进入日常账本界面（图6-36），在日常账本界面对日常的支出、收入、转账和借贷进行记录，添加备注点击"保存"按钮。

账户

在"账户"界面（图6-37），会显示账户的可用余额和借贷资金，还可以选择隐藏账户和添加新账户，现金、信用卡、储蓄卡等都可以（图6-38）。

图6-35　　　　　　图6-36　　　　　　图6-37

理财

点击"理财"，进入"理财"界面（图6-39）。在该界面中有软件推荐的一些理财产品，包括适合新手的新手专区、变化性大一点的灵活投资等各种服务。还可以点击"我的理财"按钮（图6-40），查看账户余额、定期、基金等项目。

图 6-38　　　　　　图 6-39　　　　　　图 6-40

发现

"发现"界面（图6-41）分为"服务"和"社区"。"服务"界面包括贷款商城、办信用卡、保险、公积金、股票开户等。在社区选项中（图6-42），可以搜索发布过的帖子或用户，还包括消息提示、精选的热门话题以及各种超人气小组等。

我的

点击进入"我的"界面（图6-43），可以看到"我的"账号信息、金币、优惠券、我的投资等，点击右上角的"设置"图标进入设置界面（图6-44），在"账号与安全"中可以设置账户的头像、账户名称、邮箱绑定、修改密码和退出账号。

225

图 6-41

图 6-42

图 6-43

图 6-44

3.　绑定卡号

在"我的理财"界面中，点击右上角的菜单图标，可以看到"我的银行卡"和"我的优惠券"两个选项（图 6-45）。点击"我的银行卡"，选择"添加银行卡"（图 6-46）。

绑定身份信息是进行理财的第一步，为了账户资金的安全，需要对身份实名认证。填写真实姓名和身份证号后，点击"发送验证码"（图 6-47）。输入验证码后，点击下方的"确认"按钮（图 6-48）。

图 6-45　　　　　　　　图 6-46　　　　　　　　图 6-47

身份认证完成后，设置 6 位数字宝令（图 6-49），密码不宜设置得过于简单，设置完成后点击"确定"按钮（图 6-50）。

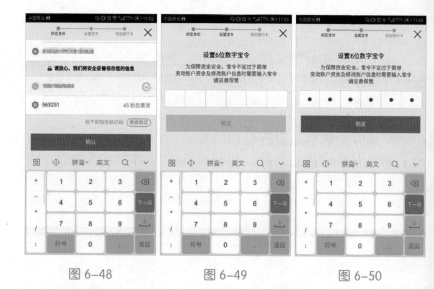

图 6-48　　　　　　　图 6-49　　　　　　　图 6-50

设置好密码后，接下来填写要绑定的银行卡信息（图6-51），绑定银行卡的持卡人必须与身份认证的信息一致。选择发卡银行、银行储蓄卡号、预留银行手机号后点击"确认"按钮，输入验证码（图6-52）。

验证码输入完成后，点击"确认"按钮（图6-53），即完成此银行卡的绑定。在"我的银行卡"下方可以看到此银行卡（图6-54），其他银行卡的绑定方法也是同样的步骤。

图 6-51

图 6-52   图 6-53   图 6-54

6.2.3 如何查看和购买理财产品

随着各大商业银行对理财市场的竞争越来越激烈，各种产品可谓丰富多彩，有保本保息的、保本不保息的、不保本也不保息的等，真是"玩转了概念，赚足了眼球"。然而对于平常人来说，在这些五花八门的理财产品中，选择适合自己的才是最重要的。

1. 查看产品

打开一款手机理财软件，例如"挖财记账理财"，进入"理财"界面（图 6-55），可以看到许多预期年化与期限不同的理财产品（图 6-56）。

图 6-55

图 6-56

其中，"预期年化"是指年化收益率，年化收益率是把当前收益率（日收益率、周收益率、年收益率）换算成年收益率来算的，是一种理论收益率，并不是真正的已取得的收益率。例如，日收益率是 0.01%，则年化收益率是 3.65%（平年是 365 天）。因为年化收益率是变动的，所以年收益率不一定和年化收益率相同。

例如，购买一款理财产品，号称 7 天的年化收益率为 12%，那么你购买了 1 万元，实际上你能收到的利息是 10000×12%×7/365=23.01 元。

2. 购买理财

购买理财产品的操作十分简单，点击进入确定好的理财产品，点击"立即申购"按钮（图 6-57），输入要购买的金额，点击"确认申购"按钮（图 6-58），完成支付即可。

图 6-57

图 6-58

6.2.4　分析行情再进行投资

投资是指为了在未来可预见的时间内获得收益或资金增值，在一定时间内向一定领域投放足够数额的金额的经济行为（图6-59），以货币投入企业，通过生产经营活动用户取得一定利润。

在投资时，一定要对自己非常了解和感兴趣的领域进行投资，不能盲目跟风。特别对于中老年朋友来说，风险的承受能力相对弱些，因此在选择投资产品时更要谨慎分析各类行情，找准时机再下手。另外，有收益就意味着有风险，所以在投资时端正心态也十分重要。

图 6-59

小贴士：

　　随着我国投资理财市场的不断发展，各类投资产品为投资者提供了丰富的投资理财渠道。作为投资者来说，虽然投资的选择性大幅增加，但面对如此令人眼花缭乱的理财产品和快速发展的金融市场，投资的风险性也在同步增加（图6-60）。如果投资者对投资产品了解较少，投资经验和风险意识不足，很容易被一些高收益的理财产品诱导，让自己的投资毫无遮拦地暴露在风险中。

稳健前行
进退为盈

图 6-60

　　虽然投资理财机会增多是一件好事，但是我们要充分了解投资理财产品，丰富自身理财知识。中老年人理财注重"保本""稳健"的同时，也要随时关注市场变化，风险和收益都要考虑。

　　首先，要保持清醒的投资头脑。众所周知，天下没有免费的午餐，如果一款理财产品宣传说不但周期短，而且收益高，那么，投资者就要好好考察一下这款理财产品的稳定性了，建议中老年人坚持从投资者角度出发，购买可靠的收益稳定的理财产品，拒绝"理财陷阱"。

　　其次，要准确掌握短期理财产品的信息。很多投资者都有一种心理，就是因为短期理财产品的周期比较短，所以经常会大意，不了解详细情况就进行投资，结果被所谓的"高收益短期理财产品"所骗（图 6-61）。

图 6-61

　　最后，不要从众地进行投资。很多投资者会在选购理财产品的时候和朋友亲戚讨论，听取他们的意见，这本来是好事，但是如果不综合自身情况，而从众地选择什么"高收益短期理财产品"，不合适自己不说，还很有可能掉入"陷阱"。

 6.2.5　保险也是理财的手段

　　随着投资理财逐渐成为平常百姓生活的一部分，购买保险也已经被许多消费者作为投资理财的一种方式，并且在今后将具有非常广阔的发展前景。

　　目前市场上销售的投资类保险主要有分红险、投连险和万能险，这些保险都是在提供保障的同时，兼顾保费的增值（图6-62）。但是它们各自的侧重点不同，我们要在众多选择中找到适合自己的产品，避免盲目决策带来的损失。

图 6-62

1. 分红险

分红险在过去一度成为保险市场的热点，但是由于分红收益率依赖于保险公司的投资经营能力，其投资险的概念已越来越不被消费者认同，更多的购买者还是看重其保障储蓄功能多于投资功能。

相对于其他投资险来说，分红险的灵活性比较差。如果收入不稳定，希望做短期投资，但又不愿意承担风险，可以购买短期分红险。

2. 投连险

此类险种的主要投资渠道为股票与基金，投资收益率受到股市的影响，风险较大。购买此类险的保户追求的是高回报，但必须具备足够的风险意识，抗风险能力要强，有足够的闲置资金。

3. 万能险

万能险具有投保灵活，特别是一般寿险公司都对保户的投资收益率有 1.75%~2.5% 的保底承诺。它是一款万能险，说它万能，主要表现在交费自由、交费透明和保证收益等（图 6-63）。

① 交费自由

相对于传统寿险而言，万能险的交费没有强制性。在支付了初期最低保费之后，就享有追加投资的权利。在以后各年中，客户可根据收益情况，随时追加投资。只要保单账户足够支付保单费用，客户甚至可以暂停保费支付。

图 6-63

② 交费透明

相对于其他保险而言，万能险的费用非常透明，所缴保费扣除初始费用、保障成本和进入投资账户的比例都有明确说明。保险公司每月或每个季度进行保单账户价值结算，不同公司的结算方式也不同。

③ 保证收益

扣除费用及保障成本后的保费进入单独账户，这个账户用来投资。万能险多承诺在 5 年内给予客户每年 2.5% 左右的保底收益，其最大特点是在保证利率（1.75% ~ 2.5%）之外，高于保底利率以上的收益，保险公司和投资人按一定比例分享。当然，各公司的保证收益并不相同，最终收益还是取决于保险公司的资金运用水平和综合管理能力。

跟我学：理财收益的合理范围是什么

相信对于大多数理财投资的中老年人来说，他们理财既不奢求过高的收益，也不想承担钱财损失的风险，只求实实在在、平稳的合理收益。那么，投资理财的收益应该控制在什么样的范围内呢？理财收益又该怎么计算呢（图6-64）？

图 6-64

一般理财产品预期年化收益的计算方法：

预期年化收益＝购买资金 ×（年预期年化收益率 /365）× 理财实际天数

例如：A 款理财产品期限为 10 天，历史预期年化收益率为 5%，某人购买了 10 万元 A 产品，持有到期，那么他所获得的预期年化收益为：10 万 ×5%/365×10=136.986 元。

预期年化收益计算公式为：本金 × 历史预期年化收益率 ×（实际理财天数 /365）

例如：起始金额为 5 万，从 6 月 22 ～ 7 月 3 号，历史预期年化收益率为 1 .5%,那么如果购买 5 万元，到期能获得的预期年化收益为 50000×1.5%×12/365=24.65 元。

　　理财预期年化收益 = 投入资金 × 累积历史预期年化收益率 × 实际理财天 /365

　　假设投资 100 万元，理财时间为 10 天，年预期年化利率为 5%，则日预期年化利率为 5%/365=0.0137%，最终预期年化收益为：100 万 ×10×0.0137%=1370 元。

6.3　微信也能够理财

　　随着近年来我国经济的快速发展，人们生活水平的提高，理财已成为人们的日常所需。在科技也同样迅速进步的今天，各类理财软件、理财方式也纷纷崛起。许多以其他功能为主的应用软件也纷纷扩展了理财服务。例如支付宝的余额宝、微信的理财通等。

　　2014 年 1 月 15 日晚间，微信理财通正式上线，上线 6 个工作日，规模过百亿。微信理财通（图 6-65）是由腾讯公司推出的基于微信的金融理财开放平台，首批接入华夏基金等一线大品牌基金公司，背景实力雄厚，其安全性也有一定保证。

图 6-65

6.3.1　如何开通微信理财通

开通微信理财通其实非常简单，但是在开通之前我们应该了解其安全性，凡是涉及钱财，人们都会担心其安全可靠性，毕竟这直接关乎到个人财产安全。

1.　理财通的安全性

技术保障

微信理财通背后有腾讯的大数据支撑，海量的数据和云端的计算能够及时判定用户的支付行为存在的风险性。基于大数据和云计算全方位的身份保护，最大限度地保证用户交易的安全性。

安全机制

财付通为微信理财通打造了一整套的安全机制和手段，这些机制和手段包括：安全卡、硬件锁、支付密码验证、交易紧急冻结等，这一整套机制将对用户形成全方位的安全保护。

客户服务

7×24 小时客户服务，加上基金公司客服，将及时为用户排忧解难。同时微信理财通开通了多种客服通道，用户可以添加"微信支付助手"和"理财通"，了解相关的安全保障措施并在碰到困难的时候发起求助，"微信支付助手"和"理财通"都将以最快的速度进行解答。用户也可以拨打客服电话，按照电话指示进行相关操作。

赔付支持

　　财付通和中国人保达成战略合作，如果出现微信理财通账户被盗、被骗等情况，经核实确为财付通的责任后，将在第一时间进行全额赔付。对于其他原因造成的被盗、被骗，财付通将配合警方，积极提供相关的证明和必要的技术支持，帮用户追讨损失。

2.　开通理财通

　　打开手机微信，点击"我"，进入"我"界面（图6-66），在界面中点击"钱包"，进入"我的钱包"界面（图6-67）。

图 6-66

图 6-67

　　进入"我的钱包"界面之后，找到"理财通"并点击进入。财付通共有3个不同的界面，它们分别是"今日""理财"和"我的"。

今日

在"今日"界面中（图6-68），可以看到一些活期理财或定期理财的收益动态、近一个月的涨跌幅，在"生活服务"栏下，还有一些工资理财、梦想计划等项目（图6-69）。

理财

理财又分为"稳健理财"（图6-70）和"浮动收益"（图6-71）这两类。在"稳健理财"中有货币基金、定期产品、保险产品、企业贷产品和券商产品；在"浮动收益"中可以看到一些投资热点、业绩排行以及咨询看点。

我的

"我的"界面中可以看到自己购买的理财产品以及收益情况，界面中还有其他许多的服务，例如工资理财等（图6-72），都可以直接点击进入查看信息（图6-73）。

图6-68　　　　　图6-69　　　　　图6-70

图 6-71　　　　　　图 6-72　　　　　　图 6-73

在"理财"界面中选择一款产品,点击进入了解此产品的详细情况(图 6-74)。觉得合适再决定买入或定时转入,在买入前为了了解自身的风险承受能力,需要完成风险测评(图 6-75)。

根据自身实际情况完成风险测评之后,补充个人地址(图 6-76),即可输入购买的金额并点击"买入"(图 6-77)。

3. 零钱理财

零钱也可以理财,让闲置的零钱安稳赚收益。进入"零钱"界面(图 6-78),点击下方蓝色的"零钱理财,让零钱安稳赚收益",进入"零钱理财"界面(图 6-79)。

图 6-74

图 6-75

图 6-76

图 6-77

图 6-78

图 6-79

在"零钱理财"界面选择一支最合适的基金,点击"下一步"(图6-80),输入金额后点击"立即买入"即可(图6-81)。

图 6-80

图 6-81

6.3.2 资金存取和财务分析

理财通产品以其高收益、存取灵活等特点广受用户喜欢和追捧。尤其是其灵活存取的特点,让理财通在理财市场占据一定优势(图6-82)。"灵活存取"的意思是我们把钱存入微信理财通后,如果需要再用到这笔钱,我们可以把它提取出来应急,资金充裕的时候再存入。

图 6-82

243

那么，要怎样才能把资金提取出来呢？可以提取的金额是否有限制？是直接到账还是要稍等几天？一天可以取多少次？下面我们就详细解读一下微信理财通的资金取出规则。

1. 理财通资金取出方式有哪些

取出方式分为"普通取出"和"快速取出"两种。顾名思义，一种速度相对快些，一种慢些。如果是急着用钱，当然要选择"快速取出"。

2. 取出到账时间需要多久

微信理财通资金取出规则约定，"普通取出"如果申请在交易当天 15:00 点之前，第二个交易日就能到账；如果在交易当天 15:00 点之后，需要在第三个交易日才能到账。"快速取出"如果在交易当天 17:00 点之前，当日 24:00 前会到账；如果在交易当天 17:00 之后，需要到第二天 24:00 前到账。

3. 取出额度是否有限制

资金提取有额度限制。"普通取出"一天最高可取 100 万；"快速取出"每笔最高可以取 2 万，一天最高只能提取 6 万。

◖ 6.3.3　与支付宝类似的收益

计算理财通收益首先要明白两个概念：七日历史预期年化收益率和万份预期年化收益。

"七日历史预期年化收益率"是把最近七日的平均预期年化收益率，进行历史年化后得到的数据；"万份预期年化收益"是指每万份基金当日的预期年化收益，也就是投资

1 万元所获得的预期年化收益。对于用户来说，七日历史预期年化收益率只能作为评判一个基金好坏的依据，每天的实际预期年化收益要看万份预期年化收益。

　　理财通的收益计算公式为：每日收益 =(理财通账户资金 /10000)× 基金公司公布的每万份收益。

　　例如，您存了 1 万元进理财通，如果当天华夏基金的每万份收益为 1.0557 元，则您当天的收益就是 1.0557 元。

　　理财通的收益和余额宝的收益都是很快就能看到的（图 6-83）。例如，周一 15:00 前购买的理财通资金，周二开始算收益，周三就可以看到收益了。

图 6-83

6.3.4　能避免第三方资金流

　　所谓"第三方资金"，是指买卖双方在网上达成商品交易意向或协议后，买方将款项先支付给第三方，由第三方暂时保管，待买方收到卖方的货品并确认后，第三方将款项支付给卖方，完成整个交易。在其整个交易中起担保支付的作用，即"第三方担保支付"。它实际上以第三方为信用中介，在买方确认收到商品前，替买卖双方暂时监管货款的一种网上支付方式（图 6-84）。

人们在享受第三方服务时，通常都会向第三方支付一定的费用，但是由于微信理财通是直接面向用户的，不存在中间的第三方，因此也不需要担心第三方资金流的问题。

图 6-84

6.3.5 理财通的转账和提现

微信理财通提现至银行卡不收取手续费，微信零钱提现却要收取一定手续费。那么，用微信零钱购买理财通，再从理财通提现至银行卡，是不是就巧避了零钱提现的费用呢？然而，经实践得知，这种方法是行不通的，购买理财通的钱从哪里来，就只能被提现到哪里去。用微信零钱购买理财通，提现就只能提取到零钱中，不能提取到银行卡上。不过，从银行卡渠道购买理财通，然后转出至银行卡，就不会收取手续费。

微信理财通只能进行买入和提现，不支持转账（图6-85）。想要实现转账只能把理财通中的资金先提取出来，再在银行卡之间进行转账。

图 6-85

跟我学：陌生微信号的理财产品陷阱

伴随着互联网金融的渗透，移动客户端的发展，越来越多的花样和手段被不怀好意的人看上，给骗局披上了一层"互联网金融"的外衣。看上去，骗子们的招数日新月异，但本质却换汤不换药，都是抓住投资者"贪便宜"的心理，巧取豪夺，挖好陷阱等人跳（图6-86）。

图 6-86

通常骗子团伙会开通多个微信号，在筛选目标的时候，可能会使用两三个号加一个目标，每个号分别设计不同的性格和大致话题，每个号都会试探出聊天者基本的个人信息，例如资产情况、是否有投资习惯等。筛到了合适的目标，可能会转给更高一层的"经理"，进而进行更有针对性的诈骗。

因而，我们对于陌生人的添加好友请求不能轻易同意，平时在微信群中看到的高收益理财产品链接也不要轻易点击，避免造成财产损失。

第 7 章

丰富认识，规避风险

 内容摘要

这些陷阱要注意

这烦恼怎么办

滑动解锁

随着互联网技术的日益发展，互联网已经成为人们学习知识、获取信息和休闲娱乐的重要平台。其中，手机已稳居第一大上网平台。我国手机网民规模达 6.2 亿，超过九成网民使用手机上网。通过手机上网，人们在享受移动通信便捷、快速的同时，也引发了一系列安全问题。

谁更容易受到网络侵害？青少年群体在互联网上活跃度相对较高，网络安全基础技能、网络应用安全等意识又相对薄弱，是最容易出现安全隐患的人群；而中老年群体则是受网络诈骗影响较大的人群。

如今网络科技日新月异，如果不跟紧时代的步伐、与时俱进，接收新知识、新事物，难免在融入社会社交时力不从心。而且，只有丰富自身，掌握一定的互联网知识，才能在这个"危机四伏"的社会免于上当受骗（图 7-1）。

图 7-1

7.1 这些陷阱要注意

骗术升级是手机安全隐患频发的一个原因，还有用户的安全防范意识低，也让不法分子变得有机可乘（图 7-2）。像生活中时常能遇到的支付二维码有假或付款成功卖家却没有收到账的问题，陌生人借手机打电话之后信息被盗取等问题，其实这些只需要我们平时多留个心眼，就能避免发生。

◐ 7.1.1　巧妙规避假的支付二维码

过去，人们上街吃饭或购物都要带上钱包，现在，随着智能手机的普及，无论是老人还是小孩，出门只需要带上手机，消费完，扫一扫店家的收款二维码，便可通过微信或支付宝软件实现用手机转账（图 7-3）。不过，方便虽方便，但是一些不法分子也更新了技术，钻支付软件的漏洞，实施诈骗。

图 7-2

图 7-3

1.　病毒二维码

二维码已经走进大众生活，制作一个二维码也十分简单，要知道二维码并没有防伪功能，只要有二维码生成软件，任何人都可以制作二维码。而且普通民众根本无法辨别二维码的真实性与安全性。

对于生活中肆意泛滥的二维码，有的可能是不法分子制作出的带恶意病毒或者恶意软件的二维码（图 7-4）。若是不小心，便会扫码上当受骗。所以，大家应该加强安全的意识，不要随意扫描任何来历不明的二维码。同时，下载一款像"手机安全先锋"带有二维码检测工具的安全软件也是很必要的。

图 7-4

2.　收款二维码被掉包

近日，有些商家表示明明看着客人完成付款，最后核对收入金额时却没有资金到账的问题，反复研究之后才发现收款二维码不是自己的，被人调换了。

原来，那些不法分子利用了商家忙、短时间内没空核对金额的小漏洞，对店家的收款二维码悄悄调了包。在日常用手机扫二维码完成支付时，一定要向商家确认，确认之后再进行转账；或者提醒商家开启收款提示音，这样既能避免财产损失，又能减少消费者与卖家之间的纠纷（图 7-5）。

图 7-5

◯ 7.1.2　借手机打电话千万注意

在街头您有可能会遇到有人声称有急事而自己的手机没电或是停机了，急需向你借手机打电话之类的事情。如果不小心，极有可能陷入骗局。虽然也不能说每一个借手机的陌生人都是骗子，有可能确实是手机没电了或是没话费了，但又有急事要打电话，但是，也有可能只是找个借口来骗走你的手机，或者盗取手机里的信息。

* 有一种常见的骗手机手段是他开着车停在你身边，借口说手机没电向你借手机。一旦你把手机递上去之后他开车就跑，想追上他是难上加难，只能追悔莫及。
其实，一般车上都有电源可以给手机充电的，所以对于这种开着车说手机没电借电话的人，我们不要轻易相信（图 7-6）。

图 7-6

- 还有一种"金蝉脱壳"法，指在你答应借手机之后，他说有事需要离开一下，如果你不放心还把自己手机抵押在你手里，事实上那只是一个模型机，然后你怎么等也等不到他出现了，有时骗子还会通过你的手机将银行卡中的钱以无卡的方式取出（图 7-7）。

图 7-7

- 另外，有些隐藏更深的骗局不是看中你的手机本身，而是你手机里的信息、银行卡密码。主要方式是在拿到你的手机之后趁你不注意，在手机上下载病毒木马，或者盗取你的个人信息，然后装作若无其事将手机还给你再从容走开，等你收到银行转账信息时，或许还不知道是什么时候手机中了毒（图 7-8）。

图 7-8

7.1.3 　红包游戏有可能是赌博

　　微信或支付宝红包在过年过节的时候非常火爆，甚至许多年纪较大的人都忍不住要去抢一抢红包，加入轰轰烈烈的抢红包潮流中。红包作为好友之间的祝福方式和趣味游戏，流行是无可厚非的，但是您可能想不到，亲朋好友之间互动送祝福的一种娱乐方式也能与赌博挂上钩。对于出现的许多红包陷阱与红包赌博现象，需要我们平时提高警惕、加强防范。

　　"红包接龙"是红包赌博的常用操作伎俩。微信赌局里，群里每发一个红包，所有参赌人员都能抢到，然后根据相应规则继续赌博（图 7-9）。

图 7-9

- 第一，微信抢红包，一般直接点击就能领取，红包金额自动存入微信钱包，不需要填写个人信息。而有的红包点开后要求输入手机号码，有些甚至要求输入银行卡卡号，这类红包不要点开，很可能存在骗局。

- 第二，如果发现所在微信群存在红包赌博现象，不要抱着侥幸玩玩的心理，也跟风参与进去，最后一发不可收拾，遇到这种情况时一定要尽早退出该微信群。

- 第三，好友共抢的红包需谨慎。朋友圈有不少与好友一起抢红包的活动，要求达到一定金额后才能提现，玩这种游戏要格外注意，很可能只是一场骗局（图 7-10）。

图 7-10

- 第四，小心那些朋友圈的抢红包链接。有些朋友圈分享的红包，例如送手机话费、优惠券、小礼品等，打开链接之后发现要求先加关注，还要分享给一定数额的好友。据分析，这类活动多是商家为"吸粉"而借红包样式进行的营销推广活动，最终真能提现的概率很小。

🔘 7.1.4　被动支付后一定要查记录

用支付宝或微信完成手机支付时，大多数时候都需要我们自己输入支付密码完成支付，但有些情况下是直接由商家扫描我们的付款二维码，自动完成扣费，不需要输入密码。这种不需要输入密码就能自动完成扣费的支付方式，我们通常称为"被动支付"。

由于被动支付不需要输入密码，在完成扣费时我们也不能核对金额，所以在被动支付完成后，一定要记得查消费记录。

7.2　这些烦恼怎么办

🔘 7.2.1　扫码提示摄像头没权限

手机权限管理可以避免一些应用软件获取我们的个人信息，只能在用户允许开启手机权限时，应用软件才能实现这一功能。一些基础的权限包括读取短信/彩信、发送短信、读取联系人等（图 7-11）。

要获取手机的摄像头权限，首先打开手机设置（图 7-12），找到其中的权限管理。

进入权限管理界面（图 7-13），找到需要获取摄像头权限的应用软件，找到微信，点击进入（图 7-14）。

点击应用权限界面下方的"设置单项权限"，进入相应界面（图 7-15），找到其他权限中的"调用摄像头"，点击其右侧的灰色框，将其权限开启（图 7-16），开启后状态框变成蓝色。

图 7-11　　　　　　　　　图 7-12　　　　　　　　　图 7-13

图 7-14　　　　　　　　　图 7-15　　　　　　　　　图 7-16

支付宝获取摄像头权限也是同样的操作。在权限管理的应用下方找到支付宝（图7-17），点击进入（图7-18）。

图 7-17   图 7-18

在支付宝应用权限界面下方点击"设置单项权限"，进入相应界面（图7-19），找到其他权限中的"调用摄像头"，点击开启即可（图7-20）。

图 7-19    图 7-20

7.2.2　充错手机号码怎么追回

在网上给手机充电话费时，如果充错号码了怎么办呢（图 7-21）？

图 7-21

如果在网上充电话费，采用快捷支付或者直接从银行卡上扣钱，出现充错号码，有两种解决办法。

(1) 如果所充号码是空号，要找相关客服人员，告知订单号及相关信息，等 3 个工作日后退款。

(2) 如果所充号码不是空号，找所充机主协商解决或报警。

7.2.3　提现无法查询到怎么办

用支付宝进行提现，如果提现申请已经提交，则只需要留意银行卡资金入账情况即可。进度查询点击支付宝"我的"界面中的"账单"（图 7-22），进入"账单"界面（图 7-23）找到"提现账单"。或者直接点击"账单"界面右上方的"筛选"，选择"按分类选择"中的"提现"（图 7-24），找到需要的提现账单，点击进入可以看到提现账单详情（图 7-25）。

图 7-22

图 7-23

图 7-24

图 7-25

7.2.4　支付宝和微信不能互动

支付宝和微信是不同公司的产品，是移动支付的两大巨头，一定程度上存在竞争关系，目前还不能实现互动（图7-26）。不过，虽然不能实现直接由微信转账至支付宝或是支付宝转账到微信，但是可以通过绑定同一张银行卡实现资金交流。

图 7-26